中等职业教育土木工程大类规划教材

工 程 力 学

钟起辉 主 编

U0316597

中国铁道出版社有限公司

２０２２年·北 京

内 容 简 介

本书为中等职业教育土木工程大类规划教材。全书共八个单元,主要内容包括:力和受力图、平面力系的平衡、轴向拉伸和压缩、扭转、梁的弯曲、组合变形、压杆稳定、结构力学基本知识。

本书可作为中等职业技术学院土木工程类相关专业学历教材,也可作为职工培训教材。

图书在版编目(CIP)数据

工程力学/钟起辉主编 . —2 版. —北京:中国铁道
出版社,2017.8(2022.8 重印)
中等职业教育土木工程大类规划教材
ISBN 978-7-113-22867-5

Ⅰ.①工… Ⅱ.①钟… Ⅲ.①工程力学-中等
专业学校-教材 Ⅳ.①TB12

中国版本图书馆 CIP 数据核字(2017)第 035229 号

书　　名:工程力学
作　　者:钟起辉

责任编辑:亢丽君　　　　编辑部电话:(010)51873205　　　电子邮箱:1728656740@qq.com
封面设计:王镜夷
责任校对:苗　丹
责任印制:高春晓

出版发行:中国铁道出版社有限公司(100054,北京市西城区右安门西街8号)
印　　刷:三河市宏盛印务有限公司
版　　次:2007年8月第1版　2017年8月第2版　2022年8月第4次印刷
开　　本:787 mm×1 092 mm 1/16　印张:11.5　字数:301 千
书　　号:ISBN 978-7-113-22867-5
定　　价:33.00 元

第二版前言

　　本书是在铁路职业教育铁道部规划教材《工程力学》(中职)的基础上重新编写的,增加了扭转、组合变形以及结构力学的相关内容。

　　"工程力学"作为土木工程大类各专业的重要基础课,编写时充分考虑了现代中等职业教育的教学特点,遵循中职人才培养目标的要求,本着"理论知识以必须、够用为度"的原则,从基本概念为基础,从强化实践应用为重点将工程力学的理论知识进行了重新整合,精选静力学、材料力学的主要内容,对结构力学进行了简单介绍。

　　本教材按照由浅入深、循序渐进地学习过程编写,内容包括:静力学基础、平面力系、杆件的内力及内力图、杆件的应力和强度计算、杆件的变形和刚度计算、压杆稳定等基本内容,对结构力学的内容只作了一个常识性的介绍。

　　本书的力学名词、单位和符号均采用现行国家标准。

　　本书由成都工业职业技术学院钟起辉主编,编写分工如下:钟起辉编写单元1、单元5、单元8的8.1和8.3部分;成都工业职业技术学院陈爱平编写单元2;郑州铁路技师学院王晓洪编写单元3;贵阳铁路工程学校项军生编写单元4;合肥铁路工程学校夏艳霞编写单元6、单元8的8.2部分;成都工业职业技术学院滕颖编写单元7;成都铁路工程学校雷雨编写单元8的8.4部分。

　　由于编者水平有限,书中难免有不足之处,敬请同行和读者批评指正。

编　者

2017年1月

第一版前言

　　本书根据全国铁路职业教育建筑工程专业教学指导委员会三届二次会议上审议通过的关于铁道部复退军人铁道工程（工务）专业指导性教学计划、教学大纲的要求编写的。全书力求体现中等职业教育培养应用型人才的特点，并根据够用的原则，精选静力学、材料力学的有关内容，使之融会贯通，重点突出，应用性强。

　　根据教学大纲，计划安排 80 学时，本书主要包括：力的基本性质，物体的受力分析，力系的平衡条件，常用构件的内力分析，强度、刚度和稳定性计算等基本内容。

　　本书的力学名词、单位和符号均采用现行国家标准。

　　本书由钟起辉主编，参加编写的有：成都铁路运输学校黄鹤、钟起辉，付东老师承担了绘图工作。齐齐哈尔铁路工程学校刘淑宏担任主审。

　　由于编者水平有限，加之时间仓促，本教材难免有不足之处，敬请同行和读者在使用过程中提出宝贵意见，以便进一步修订。

编　者

2007 年 6 月于成都

目录

绪　　论

工程力学是一门关于力学基础知识在工程中应用的课程,是土木专业非常重要的专业基础课。学习工程力学是为工程的结构设计和施工及维护提供受力分析和计算,也是为进一步学习相关的专业课程打下必要的基础。

在我们周围所见到的各种建筑物,都由许许多多的单个物体所组成,如房屋、桥梁等,在使用的过程中每一个单个物体都要承受各种力的作用,因此在建造之前,就需要清楚每一个单个物体的受力情况,以便于确定每一个单个物体的尺寸大小、所用材料等问题。有些物体是主动承受外界给它的力,而有些物体则是承受其他物体传递给它的力,如桥梁,其桥面承受火车或汽车给它的直接作用,而桥面又把火车或汽车直接给它的力传递给桥墩。在工程中习惯将这些主动作用于建筑物上的外力称为荷载。在建筑物中承受和传递荷载并起骨架作用的部分称为结构。结构中的单个物体称为构件。各类结构中构件的形状多种多样,其中用得最多的构件为梁、柱等,它们的长度比其他两个方向的尺寸大得多(一般为 5 倍以上),这类构件又称为杆件。全部构件均为杆件组成的结构称为杆系结构。

工程力学的研究对象主要是杆系结构。

任何结构都必须能正常安全地工作,要达到这一目的,就必须有一定的承载能力,承载能力包括强度、刚度和稳定性。

所谓强度,就是指结构或构件抵抗破坏的能力,即结构或构件在外荷载以及其他因素作用下不能发生破坏;所谓刚度,就是指结构或构件抵抗变形的能力,即在荷载的作用下,结构或构件的形状和尺寸不能发生过大的变形;所谓稳定性,就是指结构或构件在受力后能保持原有的平衡状态的能力。

工程力学的任务是研究结构的强度、刚度和稳定性问题,并讨论结构的组成规律与合理形式。

工程力学的研究方法是:理论分析、试验和计算分析。理论分析是以基本概念和定理为基础,分析结构中各构件的受力情况,并经过数学推演,得到问题的解答,它是广泛使用的一种分析方法。材料的力学性能是材料在力的作用下抵抗变形的能力,它必须通过材料试验才能测定。因此试验在工程力学中占有重要的地位。随着计算机技术的飞速发展,工程力学的计算手段发生了根本性的变化,计算机技术与数值分析相结合,使计算过程大大简化。工程力学的三种研究方法是相辅相成、互为补充、相互促进的。学习工程力学,首先应掌握好最基本的力学概念、原理和分析方法,因为这些都是进一步学习工程力学其他内容以及掌握计算机分析的基础。

工程施工的过程就是把设计图纸变成实际的建筑物,而结构维护的过程就是使结构能够长期安全的工作。不管是从事建筑工程施工,还是从事结构维护的人员,只有掌握了工程力学的基本理论和知识,才能懂得结构中各种构件的作用、受力情况、传递途径以及它们在各种力的作用下会产生怎样的后果。在实际工程施工及维护中,有许多安全事故的发生,是由于相关人员不懂得力学知识而造成的。因此,将要从事工程施工及维护的人员必须要有一定的力学知识,避免造成一些不必要的安全事故。

在学习工程力学时,要注意理解基本原理,掌握基本方法。其实学力学知识并不难,难的是将力学基本原理、方法用于处理和解决具体问题中,希望大家多做练习,加深对基本原理的理解以及对基本方法的掌握,只有这样才能收到良好的效果。

单元 1　力和受力图

本单元要点

本单元讲述刚体的平衡及力的概念；静力学公理；工程中常见的约束类型以及所产生的约束反力；对物体及物体系统的受力分析，并画出其受力图。

学习目标

通过本单元的学习，能够对物体及简单的物体系统进行受力分析，并且能正确画出物体的受力图。

生活及工程中的实例

在建筑施工中搬运重物时常使用起重设备，需要用钢索把物体搬运至指定位置，在起吊过程中各根钢索均要对物体产生作用；又如右图杂技演员在表演走钢丝时，为保持身体平衡，常手持平衡杆。钢丝、杂技演员、平衡杆之间有着相互的作用，这种相互的作用即力的作用。具体物体将会受到哪些力的作用，就是本单元所要讨论的内容。

通过静力学基本知识的学习，就可以分析出物体的受力情况，并且能够正确地把它们的受力情况画出受力图。

1.1　力的基本概念

1.1.1　力的概念

力的概念是人们在长期生产劳动和生活实践中逐渐建立起来的。例如钢丝、杂技演员、平衡杆之间有力的存在，而挑担、推车、抛物、拧螺母等也要用力；同样机车牵引列车由静止到运动，万能试验机将试件拉长等，这也都是力的作用。这些都说明：力是物体间相互的机械作用。因此，力不能离开物体而存在，当某一物体受到力的作用时，一定有另一物体对它施加这种作用。在分析物体受力情况时，必须注意区分哪个是受力物体，哪个是施力物体。例如，人用手提重物时，若把重物看成是受力物体，则手就是施力物体；反之，若认为手是受力物体，那么重物就是施力物体。所以施力物体和受力物体是相对而言的。

　　力使物体运动状态发生变化的效应称为力的外效应,比如小朋友将毽子踢起,就是作用在毽子上的力使毽子运动,如图 1-1 所示。而力使物体产生变形的效应称为力的内效应,如人在沙发上,使沙发发生变形,如图 1-2 所示。静力学只研究力的外效应,材料力学将研究力的内效应。

图　1-1

图　1-2

　　力对物体的作用效应取决于力的三要素:力的大小、方向(方位与指向)、作用点。这三个要素中有一个改变时,力对物体作用的效果也随之改变,如图 1-3 所示。

　　力是一个既有大小又有方向的量,因此力是矢量,通常用一个带箭头的线段表示力的三要素。线段的长度(按选定的比例)表示力的大小;线段的方位和箭头表示力的方向;带箭头线段的起点或终点表示力的作用点,如图 1-4 所示。通过力的作用点并沿着力的方位的直线,称为力的作用线。本书中用粗体字如 F、F_N 等表示力矢量,有时为了方便,也可在细体字母上加一箭线来表示力矢量,如 $\vec{F}$、$\vec{F}_N$;用普通字母如 F、F_N 等表示力矢量的大小。

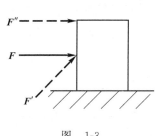

图　1-3

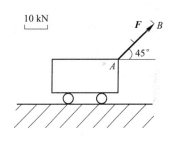

图　1-4

　　在国际单位制中,力的单位为牛(顿)(N)或千牛(顿)(kN)。

$$1 \text{ kN} = 1\,000 \text{ N}$$

　　作用在同一物体上的一群力称为力系。在不改变作用效果的前提下,用一个简单力系代替复杂力系的过程称为力系的简化或力系的合成。对物体作用效果相同的力系,称为等效力系。如果一个力与一个力系等效,则此力称为该力系的合力,而力系中的各个力称为该合力的分力。

　　使结构或构件产生运动或有运动趋势的主动力在工程上称为荷载。如结构自重、风压力、土压力以及人群、货物的重力等。荷载按作用的范围大小可分为集中荷载和分布荷载。力的作用位置实际上是一块面积,当作用面积相对于物体很小时,可近似地将其看作一个点。作用于一点的力,称为集中力或集中荷载。如火车车轮作用在钢轨上的压力,面积较小的柱体传递到面积较大的基础上的压力等,都可看作集中荷载。如果力的作用面积大,就称为分布力。如堆放在路面上的沙石和货物对于路面、路基的压力,建筑物承受的风压等都是分布力。当荷载连续作用于整个物体的体积上时,称为体荷载(如物体的重力);当荷载连续作用于物体的某一表面上时,称为面荷载(如风、雪、水等对物体的压力)。履带式拖拉机对沼泽地面的压力就是面荷载。当物体所受的力,是沿着某条线连续分布且相互平行的力系,称为线分布力或线荷载。例如梁的自重,可以简化为沿梁的轴线分布的线荷载(图 1-5),单位长度上所受的力称为分布力在该处的荷载集度,通常用 q 表示,其单位是 N/m 或 kN/m。如果 q 为一常量,则该分布力称为均布荷载,否则就是非均布荷载。

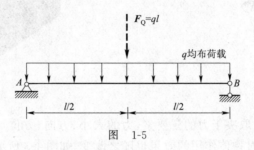

图　1-5

1.1.2　刚体的概念

刚体是指在任何外力作用下,其大小和形状均保持不变的物体。刚体是从实际物体抽象得来的一种理想的力学模型,自然界中并不存在刚体。实际上,任何物体在力的作用下都将发生或大或小的变形,但在一些力学问题中,物体变形这一因素与所研究的问题无关或对所研究的问题影响甚小,这时就可以不考虑物体的变形,故将物体视为刚体,从而使所研究的问题得到简化。这种在影响具体事物的诸多因素中保留起决定作用的主要因素,舍去次要因素的方法,是科学研究中常用的抽象化方法。解决工程力学问题时,常常将实际物体抽象为力学模型,使问题大为简化。

1.1.3　平衡的概念

静力学研究物体机械运动的特殊情况,即物体的平衡问题。所谓物体的平衡,是指物体相对于地球保持静止或做匀速直线运动的状态。事实上,任何物体皆处于永恒的运动中,即运动是绝对的、无条件的,而平衡只是相对的、有条件的。例如在地面上看来是静止的桥梁、房屋,实际上仍然随着地球的自转和公转而运动。因此,静止或平衡总是相对于地球而言的。要使物体处于平衡状态,就必须使作用于物体上的力系满足一定的条件,这些条件叫做力系的平衡条件。使物体保持平衡的力系,称为平衡力系。物体在各种力系作用下的平衡条件在建筑、路桥工程中有着广泛的应用。

1.2　静力学公理

所谓公理,就是符合客观现实的真理。静力学公理就是人类经过长期经验积累与总结,又经过实践反复检验、证明是符合客观实际的普遍规律。它阐述了力的一些基本性质,所以它是静力学的基础。

1.2.1 二力平衡公理

作用于刚体上的两个力,使刚体保持平衡的充分和必要条件是:这两个力大小相等,方向相反,且作用在同一直线上,如图 1-6 所示。

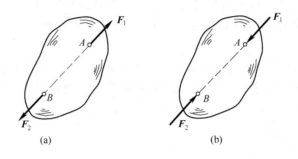

图   1-6

需要指出的是,二力平衡条件只适用于刚体。二力等值、反向、共线是刚体平衡的必要与充分条件。对于非刚体,二力平衡条件只是必要的,而不是充分的,并非满足等值、反向、共线的作用力就可以平衡,如绳索受等值、反向、共线的两个压力作用就不能平衡。

对于只受两个力作用而处于平衡的刚体,称为二力构件。根据二力平衡条件可知:二力构件不论其形状如何,所受两个力的作用线必沿二力作用点的连线,如图 1-7 所示。若一根直杆只在两点受力的作用而处于平衡,则此两力作用线必与杆的轴线重合,此杆称为二力杆件。如图 1-8(a)所示的三角支架中,忽略斜杆 AB 的重力,则杆 AB 在 A、B 两点受力而处于平衡。显然,A、B 两点的力必定大小相等,方向相反,作用在 A、B 两点的连线上,如图 1-8(b)所示。

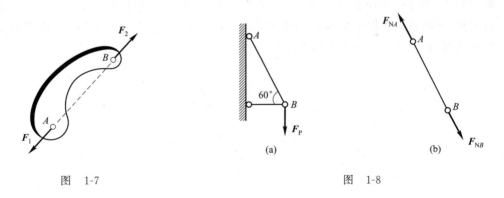

图   1-7   图   1-8

1.2.2 作用与反作用公理

两个物体间的作用力和反作用力,总是大小相等,方向相反,沿同一直线,并分别作用在这两个物体上。

这个公理概括了任何两个物体间相互作用的关系,不论物体是处于平衡状态还是处于运动状态,也不论物体是刚体还是变形体,该公理都普遍适用。力总是成对出现的,有作用力必有反作用力。

例如,对于天棚上的吊灯,如图 1-9 所示,灯绳给吊灯一个作用力 F' 作用在吊灯上,而吊灯同时给灯绳一个力 F,作用在灯绳上;吊灯受重力 P,即地球给灯的引力,同时灯对地球的引力为 P'。F 和 F' 大小相等,方向相反,沿同一条直线分别作用相互作用的两个物体上,是一对作用力和反作用力。而 P 和 P' 也满足其大小相等,方向相反,沿同一条直线分别作用相互作用的两个物体上,也是一对作用力和反作用力。吊灯上作用的两个力 F 和 P 使吊灯处于平衡,因此力 F 和 P 是一对平衡力。

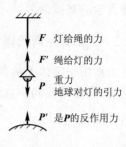

F 灯给绳的力

F' 绳给灯的力

P 重力
地球对灯的引力

P' 是 P 的反作用力

图　1-9

需要强调的是,作用与反作用的关系与二力平衡条件有本质的区别:作用力和反作用力是分别作用在两个不同的物体上;而二力平衡条件中的两个力则是作用在同一个物体上,它们是平衡力。

1.2.3　加减平衡力系公理

在作用于刚体上的任意力系中,加上或减去任意的平衡力系,并不改变原力系对刚体的作用效应。

因为平衡力系不会改变物体的运动状态,即平衡力系作用在物体上,各力对刚体的作用效果相互抵消,所以在物体的原力系上加上或去掉一个平衡力系,是不会改变物体的运动效果的。

这个公理常被用来简化已知力系,作为公理的应用,我们得出下面的推论。

推论　力的可传性原理

作用在刚体上的力可沿其作用线移动到刚体内任意一点,而不改变原力对刚体的作用效果。

如图 1-10(a) 所示,在物体 A 点上作用一力 F。在力的作用线上任取一点 B,加上一个平衡力系 F_1 和 F_2,并使 $F_1 = -F_2 = F$ 如图 1-10(b) 所示。由于 F 和 F_2 是一个平衡力系,可以去掉,所以只剩下作用在 B 点的力 F_1 如图 1-10(c) 所示。力 F_1 和原力 F 等效,就相当于把作用在 A 点的力 F 沿其作用线移到 B 点。

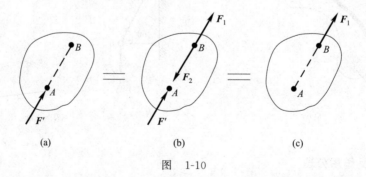

(a)　　　　　　　　　(b)　　　　　　　　　(c)

图　1-10

力的可传性只适用于刚体,而不适用于变形体。因为,如果改变变形体所受力的作用点,则物体上发生变形的部位也将随之改变,这也就改变了力对物体的作用效果。

1.2.4　力的平行四边形公理

作用于物体上同一点的两个力,可以合成为一个合力,合力也作用于该点,合力的大小和方向由这两个力为邻边所构成的平行四边形的对角线来表示。

如图 1-11(a)所示，F_1、F_2 为作用于物体上同一点 O 的两个力，以这两个力为邻边作出平行四边形 $OABC$，则从 O 点作出的对角线 OB，就是 F_1、F_2 的合力 F_R。

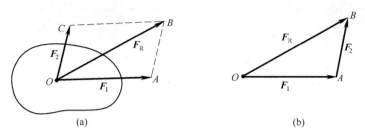

图　1-11

实际上，在求合力 F_R 时，不一定要做出整个平行四边形 $OABC$，因为平行四边形的对边平行且相等，所以只要作出对角线一侧的一个三角形(OAB 或 OCB)就可以。如图 1-11(b)所示。只要将力矢 F_1、F_2 首尾相接，成一折线 OAB，再用直线段 OB 将其封闭构成一个三角形，那么矢量 OB 就代表合力 F_R。显然在作折线时两力的前后次序是可以任选的。这个力的合成方法称为力的三角形法则。它从平行四边形公理演变而来，应用更加简便。但要注意图 1-11(b)中矢量 F_2 只表示力 F_2 的大小和方向，实际 F_2 并不作用于 A 点，而仍作用于 O 点。

求 F_1 和 F_2 两力的合力，可以用一个矢量式表示

$$F_R = F_1 + F_2$$

读作合力 F_R 等于力 F_1 和 F_2 的矢量和。该式与代数式 $F_R = F_1 + F_2$ 完全不同，不能混淆。只有当两力共线时，其合力才等于两力的代数和。

力的平行四边形公理总结了最简单的力系简化的规律，它是力的合成和分解的依据，也是简化较复杂力系的基础。

推论　三力平衡汇交定理

若作用于物体同一平面上的三个互不平行的力使物体平衡，则它们的作用线必汇交于一点。这就是三力平衡汇交定理。

证明

(1)设共面不平行的三个力 F_1、F_2 和 F_3 分别作用在刚体上的 A、B、C 三点而平衡，如图 1-12(a)所示。

(2)根据力的可传性原理，将力 F_1、F_2 移到该两力作用线的交点 O 上，然后根据力的平行四边形公理，可得合力 F_{12}，则力 F_3 应与 F_{12} 平衡。

(3)根据二力平衡公理，F_{12} 与 F_3 必在同一条直线上，所以 F_3 必通过 O 点，于是，F_1、F_2、F_3 均通过 O 点[图 1-12(b)]。证毕。

物体只受共面三个力作用而平衡，称为三力构件。若三个力中已知两个力的交点及第三个力的作用点，就可以按三力平衡汇交定理确定第三个力的作用线方位。必须注意，三力平衡汇交定理是共面且不平行的三力平衡的必要条件，但不是充分条件，即同一平面内，作用线汇交于一点的三个力不一定都是平衡的。

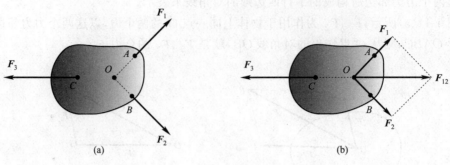

图　1-12

1.3　约束与约束反力

1.3.1　约束与约束反力的概念

在工程实际中,任何构件都受到与它相联系的其他构件的限制,而不能自由运动。例如,大梁受到柱子限制,柱子受到基础的限制,桥梁受到桥墩的限制等。

一个物体的运动受到周围物体的限制时,这些周围物体就称为该物体的约束。例如上面所提到的柱子是大梁的约束,基础是柱子的约束,桥墩是桥梁的约束。

既然约束限制着物体的运动,所以约束必然对物体有力的作用,这种力称为约束反作用力,简称约束反力或反力。约束反力是阻碍物体运动的力,所以属于被动力。能使物体产生运动(或有运动趋势)的力称为主动力,如地球引力、拉力、压力等,通常这些力的大小和方向是已知的。

约束反力作用点位置和约束反力的作用线一般是已知的,其确定准则如下:

(1)约束反力的作用点就是约束与被约束物体的相互接触点。

(2)约束反力的方向总是与约束所能限制的被约束物体的运动方向相反。

至于约束反力的大小,一般是未知的。在静力学问题中,主动力和约束反力组成平衡力系,因此可以利用平衡条件来定量计算约束反力。因此,正确地分析约束反力是对物体进行受力分析的关键。现以工程上常见的几种约束来讨论约束反力的特征。

1.3.2　工程中几种基本的约束类型以及约束反力

1. 柔体约束

由柔软的绳索、链条、传动带等形成的约束称为柔体约束。由于柔体只能承受拉力,不能承受压力,所以它们只能限制物体沿着柔体伸长方向的运动,而不能限制其他方向的运动。因此柔体对物体的约束反力是通过柔体接触点,方向沿着柔体中心线而背离物体,是拉力,通常用符号 F_T 表示,如图 1-13 所示。

传动带给两个带轮的力都是拉力,并沿传动带与轮缘相切的方向,如图 1-14 所示。

2. 光滑面约束

两个互相接触的物体,如接触面上的摩擦力很小可忽略不计,两物体彼此的约束,称为光滑面约束。物体可以沿光滑的支承面自由滑动,也可向离开支承面的方向运动,但是支承面能

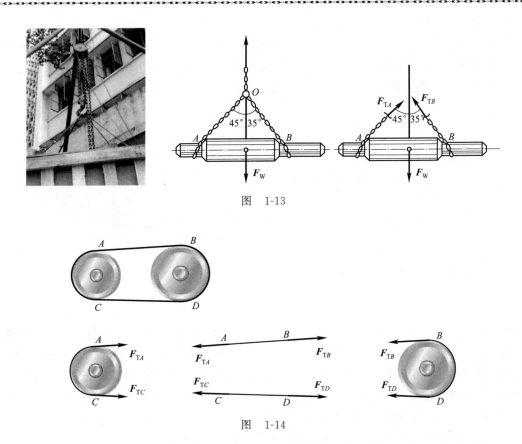

图 1-13

图 1-14

限制物体沿接触点法线并朝向支承面方向的运动。所以,光滑面约束的反作用力通过接触点,方向总是沿接触点的公法线并指向物体,是压力。通常以符号 F_N 表示。图 1-15(a)所示为一停在光滑地面上的小车。地面对小车 A、B 二轮的约束反力 F_{NA} 和 F_{NB} 都沿着接触表面(轮缘与地面)的公法线方向,且指向车轮。图 1-15(b)为另一种光滑面约束,物体所受的约束在 A、B、C 三点,均为点与直线(或直线与平面)的接触,约束反力沿接触处的公法线而指向被约束的物体。

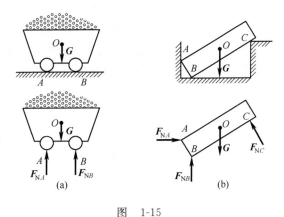

图 1-15

3. 圆柱铰链约束

圆柱铰链约束简称铰链,门窗用的合页便是铰链的实例。圆柱铰链是由一个圆柱形销钉插入两个物体的圆孔中构成,如图 1-16(a)所示,且认为销钉与圆孔的表面都是光滑的。圆柱铰链连接的力学简图如图 1-16(b)所示。

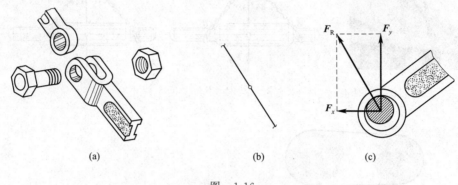

图　1-16

根据圆柱铰链连接的构造,其约束特征是:当物体有运动趋势时,销钉与圆孔壁必将在某处接触,约束反力则一定通过这个接触点。由光滑面约束反力可知,销钉反力沿接触点与销钉中心的连线作用,但由于接触点随主动力而变,因此圆柱铰链的约束反力在垂直于销钉轴线的平面内,通过销钉中心,而方向未定。这种约束反力有大小和方向两个未知量,可用两个互相垂直的分力 F_x、F_y 来表示,如图 1-16(c)所示。

工程上应用铰链约束的装置有固定铰支座、可动铰支座和链杆约束。

(1)固定铰支座

用圆柱铰链连接的两个构件中,如果有一个固定不动,就构成固定铰支座。这种支座能限制构件沿圆柱销半径方向的移动,而不能限制其转动。其约束反力与圆柱铰链相同,即方位可确定时以一力表示,常用 F_R;方位不定时以两垂直分量表示,常用 F_x、F_y。固定铰支座的简图及其反力如图 1-17 所示。

(2)可动铰支座

将铰链支座用 n 个辊轴支承在水平面上即构成可动铰支座。这种支座不能限制被支承构件绕销钉的转动和沿支承面方向的运动,而只能阻止构件在垂直于支承面方向向下运动。在附加特殊装置后,也能阻止其向上运动。因此,可动铰支座的约束反力垂直于支承面且通过销钉中心,其大小和方向待定。符号以 F、F_N、F_R 较常用。这种支座的计算简图和约束反力如图 1-18 所示。

(3)链杆约束

所谓链杆约束就是两端用销钉与物体相连且中间不受力(自重忽略不计)的直杆。这种约束只能限制物体沿着链杆中心线方向运动,指向未定。链杆的力学简图及其反力如图 1-19所示。

4. 固定端约束

地面对电杆的约束如图 1-20(a)所示,墙壁对挑梁的约束如图 1-20(b)所示,挑梁的一端嵌固在墙壁内。这类约束是限制电杆、挑梁沿任何方向的移动,也同时限制了物体的转动,因

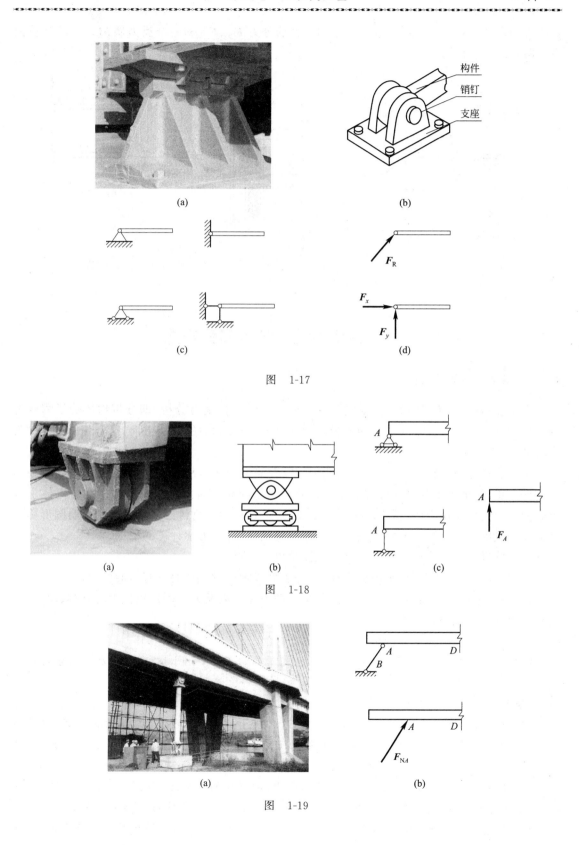

图　1-17

图　1-18

图　1-19

此称为固定端约束。约束反力为两个互相垂直的分力 F_x、F_y 和一个反力偶 M。它的计算简图如图 1-20(c)所示。

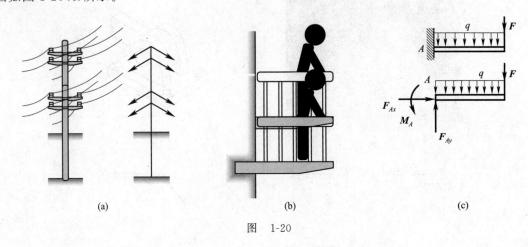

图 1-20

1.4 物体的受力分析与受力图

1.4.1 单个物体的受力图

在工程实际中,为了进行力学计算,首先要对物体进行受力分析,即分析物体受了哪些力的作用,哪些是已知的,哪些是未知的,每个力的作用位置和力的作用方向,这个分析过程称为受力分析。

为了清晰地表示物体的受力情况,我们把需要研究的物体从周围物体中分离出来,单独画出它的简图,这个步骤叫做取研究对象。被分离出来的研究对象称为分离体。在分离体上画出它受到的全部作用力(包括主动力和约束反力)。这种表示物体的受力情况的简明图形称为受力图。正确地画出受力图是解决力学问题的关键,是进行力学计算的依据。

对物体进行受力分析和画受力图时应注意以下几点:

(1)首先确定研究对象,画出分离体,并分析哪些物体(约束)对它有力的作用。

(2)画出作用在分离体上的全部力,包括主动力和约束反力。画约束反力时,应取消约束,而用约束反力来代替它的作用。

下面举例说明物体受力分析及画受力图的方法。

【例 1-1】 均质球重 G,用绳系住,并靠于光滑的斜面上,如图 1-21(a)所示。试分析球的受力情况,并画出受力图。

【解】 (1)确定球为研究对象。

(2)作用在球上的力有三个:即球的重力 G(作用于球心,铅直向下),绳的拉力 F_{TA}(作用于 A 点,沿绳中心线并离开球体),斜面的约束反力 F_{NB}(作用于接触点 B,垂直于斜面并指向球心)。

(3)根据以上分析,将球及其所受的各力画出,即得球的受力图,如图 1-21(b)所示。球受 G、F_{TA}、F_{NB} 三力作用而平衡,此三力满足三力平衡汇交原理,其作用线相交于球心 O。

【例 1-2】 均质杆 AB,重量为 G,支于光滑的地面及墙角间,并用水平绳 DC 系住,如图

1-22(a)所示。试画出杆 AB 的受力图。

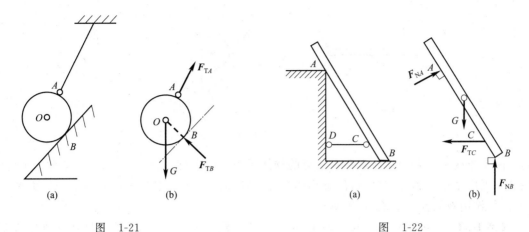

图　1-21　　　　　　　　　　　　　　　　图　1-22

【解】　(1)以杆 AB 为研究对象。

(2)作用在杆上的主动力有重力 G(作用于杆的重心 O)。约束反力有地面的约束反力 F_{NB},为光滑面约束,反力过 B 点并垂直于地面;墙角的约束反力 F_{NA},为光滑面约束,反力过 A 点与杆垂直;柔体绳子的拉力 F_{TC},沿绳中心线并离开杆的方向。

(3)根据以上分析受力图,如图 1-22(b)所示。

【例 1-3】　梁 AB,A 端为固定铰支座,B 端为活动铰支座,梁中点 C 受主动力 F_P 作用,如图 1-23(a)所示,梁重不计,试分析梁的受力情况。

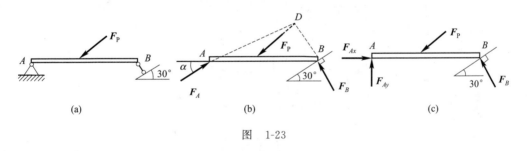

图　1-23

【解】　(1)以梁 AB 为研究对象并画出分离体。

(2)画出主动力 F_P。

(3)画约束反力。活动铰支座约束反力 F_B,垂直于支承面。固定铰支座约束反力为 F_{Ax}、F_{Ay} 或 F_A。受力图如图 1-23(b)、(c)所示。

【例 1-4】　水平梁 AB 受已知力 P 作用,A 端为固定端,如图 1-24(a)所示,梁的自重不计,试画出梁 AB 的受力图。

【解】　(1)以梁 AB 为研究对象并画出分离体。

(2)画出主动力 P。

(3)画约束反力。固定端支座的约束反力为 F_{Ax}、F_{Ay} 和 M_A。受力图如图 1-24(b)所示。

1.4.2　物体系统的受力图

物体系统受力图的画法与单个物体的受力图画法基本相同,区别只在于所取的研究对象

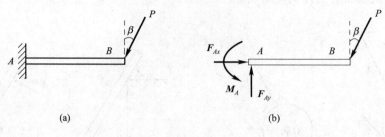

图　1-24

是由两个或两个以上的物体联系在一起的物体系统。研究时,只需将物体系统看做一个整体,在其上画出主动力和约束反力,注意物体系统内各部分之间的相互作用力属于作用力和反作用力,其作用效果互相抵消,可不画出来。

【例 1-5】 已知两跨静定梁如图 1-25(a)所示。试分别画出 ABC 段、CD 段和整体 $ABCD$ 的受力图。

【解】 (1)将整体拆开,把 ABC 段分离出来,单独画出 ABC 杆。已知均布荷载按照原分布情况在 BC 段画出,支座 A 为固定铰支座,按未知的一对约束反力画出,指向假定。B 处为活动铰支座约束,有一个约束反力垂直支承面,指向假定。C 处为圆柱形铰链约束,是一对未知的垂直约束反力,指向假定。ABC 段受力图,如图 1-25(b)所示。

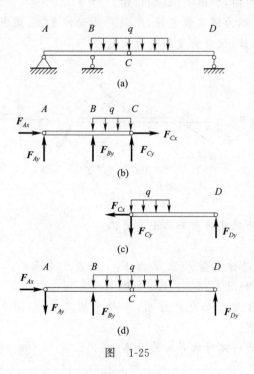

图　1-25

(2)将 CD 杆从整体中分离出来,单独画出 CD 杆。已知均布荷载按照原分布情况原位置画出。C 处为圆柱形铰链约束,是一对未知的垂直约束反力,其指向应符合作用力与反作用力的关系。箭头指向应与 ABC 段的 C 点约束反力箭头指向相反。D 点为活动铰支座约束,有一个支承面的约束反力,指向假定受力图,如图 1-25(c)所示。

当需要把整体拆开分别取研究对象作受力图时,要注意各部分间相互连接处的作用力与反作用力关系,且不要把已知的主动力漏画或错画。当图 1-25(c)中铰链 C 点处约束反力 $\boldsymbol{F}_{Cx}$ 与 $\boldsymbol{F}_{Cy}$ 假定后,在图 1-25(b)中铰链 C 点处约束反力就应根据作用力与反作用力的关系画出 $\boldsymbol{F}_{Cx}$ 与 $\boldsymbol{F}_{Cy}$,而不能另行假定。

(3)取整体 ABCD 为研究对象,解除约束画出其 ABCD 杆,注意要画出各点的铰。先按原状画已知均布荷载 $\boldsymbol{q}$,再按约束类型画出其 A、B、D 三处的约束反力,如图 1-25(d)所示。C 处铰链之间的约束反力属于物体系统内部的相互作用力,其作用效果互相抵消,因此不必画出来。在作整体的受力图时,不要画内力(内力即物体系中各个物体之间相互的作用力),而只画作用于整体上的所有外力,即主动力与约束反力。

应该强调的是,均布荷载应如图 1-25(b)、(c)所示。均布荷载必须按实际分布情况在受力图上表示出来,不能用其合力来代替。若将分布荷载当作一集中力作用于铰链 C 点处,则拆开画受力图时,无论此集中力画在哪一部分的 C 点上都是错误的。当约束反力的方向不能确定时,可先假设它的方向,如图 1-25(c)中 $\boldsymbol{F}_{Cx}$、$\boldsymbol{F}_{Cy}$ 的方向就是假设的。

【例 1-6】　三角架由 AB 及 BC 两杆用铰链连接而成。销钉 B 处悬挂重量为 G 的物体,A、C 两处用铰链与墙固连如图 1-26(a)所示。不计杆的自重,试分别画出杆 AB、BC、销钉 B 及系统 ABC 的受力图。

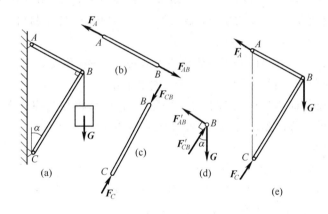

图　1-26

【解】　(1)分别取杆 AB 及 BC 为研究对象。由于不计杆的自重,两杆都是两端铰接的二力杆。暂设杆 AB 受拉,铰链 A 和 B 处的约束反力 $\boldsymbol{F}_A$ 和 $\boldsymbol{F}_{AB}$ 必等值、反向、共线(沿两铰链中心连线),受力图如图 1-26(b)所示。暂设 BC 杆受压,铰链 C 和 B 处的约束反力 $\boldsymbol{F}_C$ 和 $\boldsymbol{F}_{CB}$ 必等值、反向、共线,受力图如图 1-26(c)所示。

(2)取销钉 B 为研究对象,它受有主动力(即物体的重力)G 及二力杆 AB 给它的约束反力 $\boldsymbol{F}'_{AB}$、二力杆 BC 给它的约束反力 $\boldsymbol{F}'_{CB}$ 作用。根据作用与反作用公理,$\boldsymbol{F}_{AB}=-\boldsymbol{F}'_{AB}$,$\boldsymbol{F}_{CB}=-\boldsymbol{F}'_{CB}$。销钉 B 的受力图如图 1-26(d)所示。

画系统的受力图时,由于销钉 B 和 AB、BC 两杆的作用力 $\boldsymbol{F}_{AB}$、$\boldsymbol{F}'_{AB}$、$\boldsymbol{F}_{CB}$、$\boldsymbol{F}'_{CB}$,属于内力,不必画出,只需画出铰链 A、C 处所受的约束反力 $\boldsymbol{F}_A$ 和 $\boldsymbol{F}_C$ 及主动力 G 即可,如图 1-26(e)所示。

【例 1-7】　三铰拱 ACB 受已知力 $\boldsymbol{F}_\mathrm{P}$ 的作用,如图 1-27(a)所示,若不计三铰拱的自重,试

画出 AC、BC 和整体(AC 和 BC 一起)的受力图。

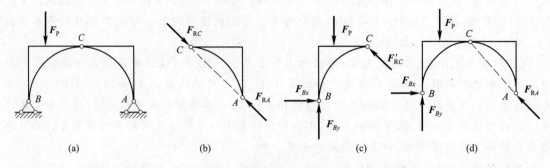

图　1-27

【解】　(1)画 AC 的受力图。取 AC 为研究对象,由 A 处和 C 处的约束性质可知其约束反力分别通过两铰中心 A、C,大小和方向未知。但因为 AC 上只受 F_{RA} 和 F_{RC} 两个力的作用且平衡,它是二力构件,所以 F_{RA} 和 F_{RC} 的作用线一定在一条直线上(即沿着两铰中心的连线 AC),且大小相等,方向相反,其指向是假定的,如图 1-27(b)所示。

(2)画 BC 的受力图。取 BC 为研究对象,作用在 BC 上的主动力是已知力 F_P。B 处为固定铰支座,其约束反力是 F_{Bx} 和 F_{By},C 处通过铰链与 AC 相连,由作用和反作用关系可以确定 C 处的约束反力是 F'_{RC},它与 F_{RC} 大小相等,方向相反,作用线相同。BC 的受力图如图 1-27(c)所示.

(3)画整体的受力图。将 AC 和 BC 的受力图合并,即得整体受力图,如图 1-27(d)所示。

通过以上各例的分析,画受力图的步骤可归纳如下:

(1)明确研究对象。即明确要画哪个物体的受力图,然后将与它相联系的一切约束(物体)去掉,单独画出其简单轮廓图形。注意:既可取整个物体系统为研究对象,也可取物体系统的某个部分作为研究对象。

(2)先画主动力。指重力和已知外力。

(3)再画约束反力。约束反力的方向和作用线一定要严格按约束类型来画,约束反力的指向不能确定时,可以假定,但要注意二力构件一定要先确定。

(4)检查。不要多画、错画、漏画了力。注意作用与反作用关系。作用力的方向一旦确定,反作用力的方向必定与它相反,不能再随意假设。此外,在以几个物体构成的物体系统为研究对象时,系统中各物体间成对出现的相互作用力不需画出来。

 单元小结

一、力的基本概念

(1)力是物体之间相互的机械作用;力不能脱离物体而存在;力总是成对出现的;力的效应有外效应和内效应;力对物体的外效应决定于三要素——大小、方向和作用点(刚体为作用线);力为矢量;常见的力有集中力和分布力。

(2)刚体是静力学中将实际物体进行抽象化的理想模型。在静力学中的研究对象是刚体。

(3)平衡是物体机械运动的特殊情况,是指物体相对于地球保持静止或做匀速直线运动的状态;物体处于平衡状态力系所满足的条件叫做力系的平衡条件;使物体保持平衡的力系,称为平衡力系。

二、静力学公理

静力学公理及其推论反映了力的基本性质,是静力学的理论基础。

(1)二力平衡公理。作用于刚体上的两个力,使刚体保持平衡的充分和必要条件是:这两个力大小相等,方向相反,且作用在同一直线上。

(2)作用与反作用公理。两个物体间的作用力和反作用力,总是大小相等,方向相反,沿同一直线,并分别作用在这两个物体上。

(3)加减平衡力系公理。在作用于刚体上的任意力系中,加上或减去任意的平衡力系,并不改变原力系对刚体的作用效果。

推论:力的可传性原理。作用在刚体上的力可沿其作用线移动到刚体内任意一点,而不改变原力对刚体的作用效果。

(4)平行四边形公理。作用于物体上同一点的两个力,可以合成为一个合力,合力也作用于该点,合力的大小和方向由这两个力为邻边所构成的平行四边形的对角线来表示。

推论:三力平衡汇交定理。作用于物体同一平面上的三个互不平行的力使物体平衡,则它们的作用线必汇交于一点。

三、约束与约束反力

1. 约束与约束反力的概念

(1)约束:限制物体运动的周围物体。

(2)约束反力:约束对被约束物体的作用力。约束反力的方向总是与被约束物体的运动方向相反。

2. 工程中几种基本的约束类型以及约束反力

(1)柔索约束。例如绳索、皮带、链条等构成的约束。柔索约束只产生沿着柔索方向的拉力,通常以 F_T 表示。

(2)光滑面约束。约束与被约束物体刚性接触,忽略接触面的摩擦。这种接触约束的约束力沿着两接触面的公法线方向,恒为压力,通常以 F_N 表示。

(3)圆柱铰链约束。由圆孔和销钉构成的约束,它只提供一个方向不确定的约束力 F_R,该约束力也可以分解为互相垂直的两个分力,通常以 F_x、F_y 表示。工程上应用铰链约束的装置有固定铰支座(常用 F_R 或 F_x、F_y 表示)、可动铰支座(常用 F_R、F_N 或 F 等表示)和链杆约束(表示法同可动铰支座)。

(4)固定端约束。与被约束物连接较为牢固,约束物不允许被约束物在约束处有任何相对运动(包括移动和转动)。固定端约束有未知的两个互相垂直的约束分力 F_x、F_y 和一个未知的约束反力偶 M。

四、物体的受力分析与受力图

1. 受力图的画法及步骤

物体的受力分析是将物体从系统中隔离出来:根据约束的性质分析约束力,并应用作用与反作用定理分析隔离体上所受各力的位置、作用线及可能方向;画出受力图。

(1)根据题意选取研究对象,用尽可能简明的轮廓单独画出,即画出分离体。

(2)画出该分离体所受的全部主动力。

（3）在分离体上所有原来存在约束（即与其他物体相接触和相连）的地方，根据约束的性质画出约束反力。对于方向不能预先独立确定的约束反力（例如圆柱铰链的约束反力），可用互相垂直的两个分力表示，指向可以假设。

（4）有时可根据作用在分离体上的力系特点，如利用二力平衡时共线等理论，确定某些约束反力的方向，简化受力图。

2.画受力图时的注意事项

（1）当选取的分离体是互相有联系的物体时，同一个力在不同的受力图中用相同的方法表示；同一处的一对作用力和反作用力，分别在两个受力图中表示成相反的方向。

（2）画作用在分离体上的全部外力，不能多画也不能少画。内力一律不画。除分布力代之以等效的集中力、未知的约束反力可用它的正交分力表示外，所有其他力一般不合成、不分解，并画在其真实作用位置上。

 阅读材料

建筑结构中支座的力学模型分析

根据约束的讲解，我们知道结构与其支承物间的连接装置称作支座。支座可以根据实际构造和约束特点分为可动铰支座、固定铰支座、固定端支座三种。

（1）可动铰支座——桥梁与桥墩的连接

在大型桥梁上经常用到如图 1-28（a）所示的这种辊轴支座，它是用几个辊轴承托一个铰装置，并用预埋件在 4 个角点与基础联系而成。工程结构上有些支座并不像辊轴支座那样典型，如图 1-28（b）、（c）所示的桥梁与桥墩分别是通过固定在梁上和墩上的两块铁板相互压紧接触，虽然看上去与辊轴支座不同，但是从约束所能限制的相对运动来看，两者具有相同的约束特征。它们都可以简化为图 1-28（d）所示的可动铰支座。

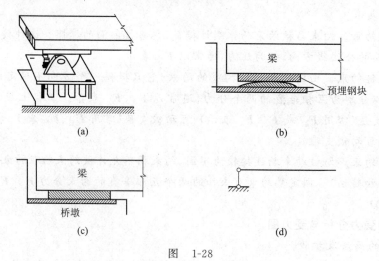

图　1-28

（2）固定铰支座——结构与基础的连接装置

如图 1-29（a）所示钢筋混凝土柱插入杯形基础中后，若用沥青麻刀填缝时，则柱相对基础可以发生微小的转动，但不会有水平和竖直方向的移动。图 1-29（b）所示的柱子与基础之间的连接,因为它们在连接处所布钢筋很少,不足以抵抗转动。对于图 1-29(a)和图 1-29(b)所示的支座都可简化为图 1-29(c)所示的固定铰支座。由此可见,固定铰支座是将结构与基础用铰连接起来的装置,它只能阻止结构在支座处任意方向的移动,但允许绕铰发生微小转动。

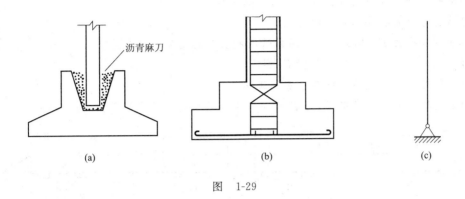

图   1-29

(3)固定端支座——构件与基础的连接

固定端支座是构件深埋或牢固地嵌入基础内部的支座约束,构件在支座处的任意方向移动和转动都受到了限制。图 1-30(a)所示为钢筋混凝土柱与基础现浇在一起;图 1-30(b)所示的钢筋混凝土柱虽然与基础不是现浇,但柱子与杯形基础之间用细石混凝土紧密填实,则柱的下端是不能转动的;另外,图 1-30(c)所示的钢柱与基础用地脚螺栓连接,足以抵抗转动。对于图 1-30(a)~图 1-30(c)中的支座都可以简化为图 1-30(d)所示的固定端支座。

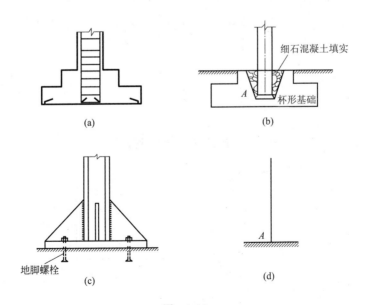

图   1-30

思考题

(1)什么是集中荷载和均布荷载？

(2)请列举一个二力构件并说明二力平衡公理。

(3)画受力图时要注意哪些问题？

(4)设有两个力 F_1 和 F_2，下列两种情况所表示的意义有何不同？

①$\boldsymbol{F}_1 = \boldsymbol{F}_2$ ② $F_1 = F_2$

(5)什么是平衡？试举出一两个实例说明物体处于平衡状态。

(6)如图所示的四种情况下，力 F 对同一小车作用的外效应是否相同？为什么？

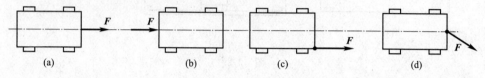

思考题 6 图

(7)二力平衡公理和作用与反作用公理有何不同？

(8)如图所示，A、B 两物体叠放在桌面上。A 物体重 G_1，B 物体重 G_2。问 A、B 物体各受到哪些力作用？这些力的反作用力各是什么？他们各作用在哪个物体上？

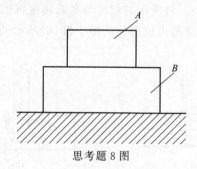

思考题 8 图

(9)怎样在 A、B 两点各加一个力，使图中的物体平衡？

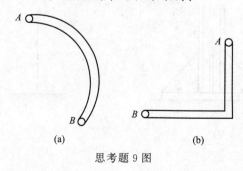

思考题 9 图

(10)图中的物体重 G，用两根绳索悬挂，哪种情况绳索所受到的力最小？图示三种情况中哪种情况绳索所受到的力最大？

(11)指出图中各物体的受力图的错误，并加以改正。

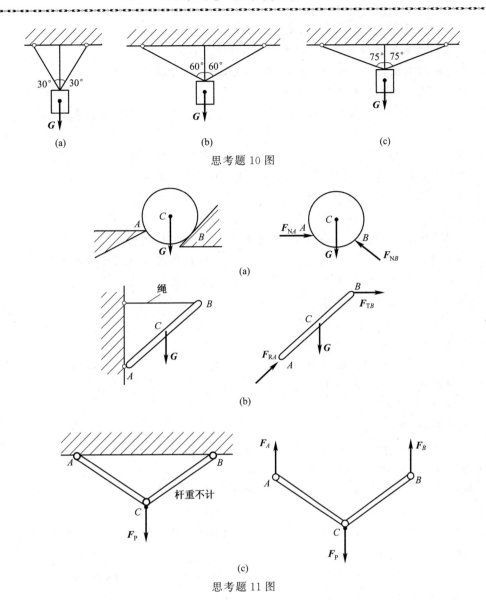

思考题 10 图

(a)

(b)

(c)

思考题 11 图

 习　　题

1-1　填空题

(1)静力学四个基本公理为_____、_____、_____、_____。

(2)在任何外力作用下,_____和_____始终保持不变的物体,称为刚体。

(3)力有大小和方向所以力是_____。

(4)选择结构计算简图的原则是_____、_____。

1-2　选择题

(1)静力学的研究对象是(　　)。

A. 刚体　　　　　　B. 变形固体　　　　　C. 塑性体　　　　　　D. 弹性体

(2)关于约束反力,下面哪种说法是不正确的(　　)。

A. 柔索的约束反力沿着柔索中心线作用,只能是拉力

B. 连杆的约束反力沿着连杆的轴线,可以是拉力,也可以是压力

C. 固定端支座的约束反力有三个

D. 可动铰支座的约束反力通过铰链中心,方向不定,用一对正交分力表示

(3)刚体是指(　　)。

A. 要变形的物体　　　　　　　　　B. 具有刚性的物体

C. 刚度较大的物体　　　　　　　　D. 不变形的物体

(4)作用在刚体上的一群力叫做(　　)。

A. 力偶　　　　　B. 力系　　　　　C. 分力　　　　　D. 等效力系

(5)有两个力,大小相等、方向相反、作用在一条直线上,则这两个力(　　)。

A. 一定是二力平衡　　　　　　　　B. 一定是作用力与反作用力

C. 一定是约束与反约束反力　　　　D. 不能确定

(6)力的可传性原理只适用于(　　)。

A. 变形体　　　　B. 刚体　　　　　C. 任意物体　　　D. 移动着的物体

(7)约束反力以外的其他力统称为(　　)。

A. 主动力　　　　B. 反作用力　　　C. 支持力　　　　D. 作用力

(8)两物体间的作用力与反作用力总是(　　)。

A. 大小相等,方向相反

B. 大小相等,方向相同

C. 大小相等,方向相反,沿同一直线分别作用在不同的物体上

D. 大小相等,方向相反,作用在同一物体上

(9)受力物体上,使物体产生运动或有运动趋势的力,称为(　　)。

A. 约束力　　　　B. 集中力　　　　C. 主动力　　　　D. 重力

(10)作用于刚体上的力,可沿其(　　)移动到刚体的伤的任意一点,而不改变该力对刚体的运动效果。

A. 作用点　　　　B. 作用线　　　　C. 作用面　　　　D. 方向

(11)在力的三要素中不包括力的(　　)。

A. 大小　　　　　B. 方向　　　　　C. 作用面　　　　D. 作用线

(12)物体处于平衡状态是指(　　)。

A. 处于静止或做匀速直线运动

B. 相对于观察者处于静止或做匀速直线运动

C. 相对于地球处于静止或做匀速直线运动

D. 相对于地球处于静止

(13)力的三要素是(　　)。

A. 作用面　　　　B. 作用点　　　　C. 大小　　　　　D. 方向

(14)作用在刚体上的两个力,使刚体处于平衡状态的充分与必要条件是:这两个力(　　)。

A. 大小相等　　　B. 方向相反　　　C. 方向相同　　　D. 作用在同一条直线上

(15)两个物体之间的作用力与反作用力是(　　)。

A. 大小相等 　　　 B. 方向相反 　　　 C. 方向相同 　　　 D. 作用在同一条直线上

(16)力对物体的作用效果取决于(　　)。

A. 力的大小 　　　 B. 力的方向 　　　 C. 力的作用点 　　　 D. 力的作用时间

(17)约束反力的指向可以确定的是(　　)。

A. 固定铰支座 　　　 B. 固定端支座 　　　 C. 柔索约束 　　　 D. 光滑面约束

(18)物体在力系作用下相对于地球(　　),称为物体处于平衡。

A. 做匀速直线运动 　　　　　　　 B. 处于静止

C. 做匀加速直线运动 　　　　　　 D. 做匀减速直线运动

(19)作用在同一个物体上的两个力,使物体处于平衡状态,则该两力一定是(　　)。

A. 大小相等 　　　　　　　　　　 B. 方向相同

C. 作用线沿同一直线 　　　　　　 D. 方向相反

1-3 判断题

(1)力使物体运动状态发生变化的效应称为力的外效应。 　　　　　　　　 (　　)

(2)力的三要素中只有一个要素不改变,则力对物体的作用效果就不变。 　 (　　)

(3)刚体是客观存在的,无论施加多大的力,它的形状和大小始终保持不变。 (　　)

(4)凡是处于平衡状态的物体,相对于地球都是静止的。 　　　　　　　　 (　　)

(5)受力物体与施力物体是相对于研究对象而言的。 　　　　　　　　　　 (　　)

(6)二力等值、反向、共线,是刚体平衡的充分和必要条件。 　　　　　　 (　　)

(7)二力平衡公理、加减平衡力系公理、力的可传性原理只适用于刚体。 　 (　　)

(8)根据力的可传性原理,力可在刚体上任意移动而不改变该力对刚体的作用效果。(　　)

(9)平行四边形公理和三角形法则均可将作用于物体上同一点的两个力合成为一个合力。

　　　　　　　　　　　　　　　　　　　　　　　　　　　　　　　　 (　　)

(10)同一平面内作用线汇交于一点的三个力一定平衡。 　　　　　　　　 (　　)

(11)同一平面内作用线不汇交于一点的三个力不一定平衡。 　　　　　　 (　　)

(12)力的三要素中,如果只改变一个,则力的作用效果不会改变。 　　　 (　　)

(13)两个大小相等的力对物体的作用效应是相等的。 　　　　　　　　　 (　　)

(14)已知两个共点力 $F_1 = 1$ kN, $F_2 = 2$ kN,则它们的合力必为 $F_R = 3$ kN。 (　　)

(15)凡阻止物体运动的一切限制条件均称为约束。 　　　　　　　　　　 (　　)

(16)在作受力图时,只要在分离体上画出所有约束反力就可以了。 　　　 (　　)

1-4 试画出图中各圆球的受力图。

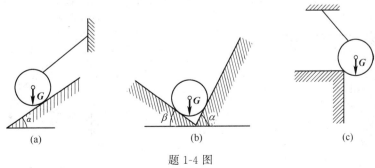

(a) 　　　　　　　　 (b) 　　　　　　　　 (c)

题 1-4 图

1-5 画出图中 AB 杆的受力图。

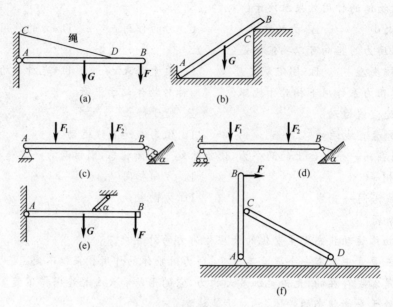

题 1-5 图

1-6 画出图中杆 AB 的受力图。

1-7 画出图中杆 AD、BC 的受力图。

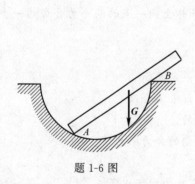

题 1-6 图

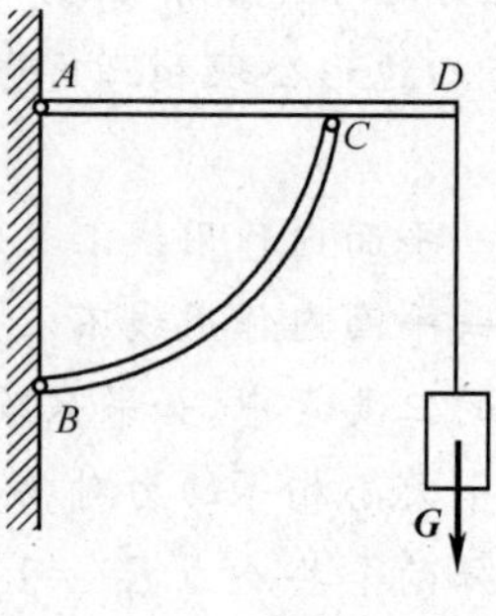

题 1-7 图

1-8 画出图中杆 AB 和球 C 的受力图。

1-9 力 F 作用在销钉上,试画出杆 AB、BC 及销钉 B 的受力图。

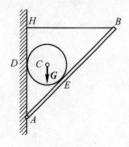

题 1-8 图

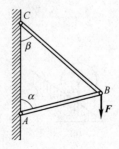

题 1-9 图

1-10 试作图中所示刚架的受力图。

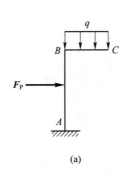 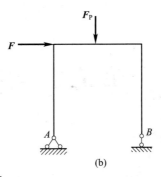

(a)　　　　　　　　　　　(b)

题 1-10 图

1-11 画出图中整个物体系统以及杆 AD、BC 的受力图。

1-12 画出图中物体系统整体以及杆 AB、BD 的受力图。

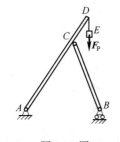 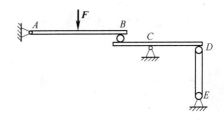

题 1-11 图　　　　　　　　　　　题 1-12 图

1-13 画出图中物体系统整体以及圆球 O、杆 AC 的受力图。

1-14 画出图中杆 AC、BC 和整体的受力图。

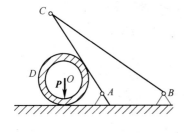 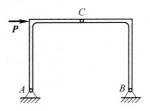

题 1-13 图　　　　　　　　　　　题 1-14 图

单元 2　平面力系的平衡

 本单元要点

本单元讲述平面汇交力系、平面一般力系以及力矩和力偶的基本概念；平面力系的平衡条件，及用平衡条件求解物体和简单物体系统的平衡问题。

 学习目标

通过本单元的学习，能够熟练应用平面力系的平衡条件求解物体及简单物体系统的平衡问题。

 生活及工程中的实例

如图所示为塔吊结构，吊臂的一端是用来起吊重物的，而另一端有一个平衡物，保证塔吊在起吊物体时不倾倒，起到一个平衡的作用，但是平衡物要多重，才能够使塔吊在起吊和空载时均能够保持平衡和稳定状态？这是本单元力系平衡讨论的问题。

为了便于研究问题，可将力系按其力作用线的分布情况进行分类，凡各力的作用线都在同一平面内的力系，称为平面力系；凡各力作用线都不在同一平面内的力系，称为空间力系。在平面力系中，各力作用线交于一点的力系，称为平面汇交力系；各力作用线相互平行的力系，称为平面平行力系；各力作用线任意分布的力系，称为平面一般力系。平面力系的分类与力学模型见表 2-1。

表 2-1　平面力系的分类与力学模型

分类	工程实例	力学模型	描述
平面汇交力系	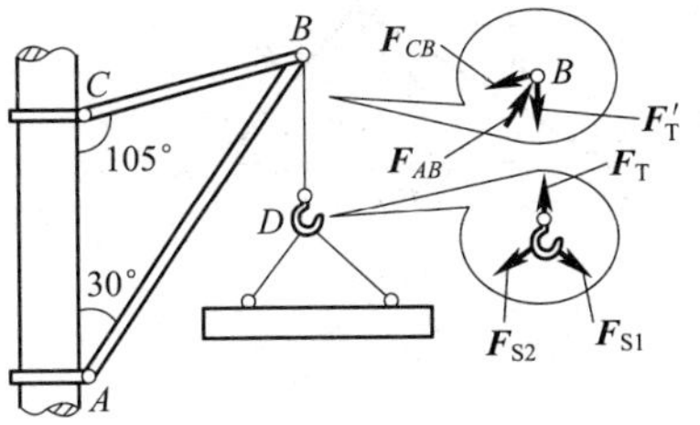	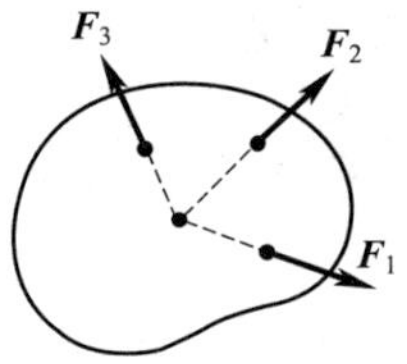	作用在物体上的各力的作用线都在同一平面内,且都相交于一点
平面平行力系	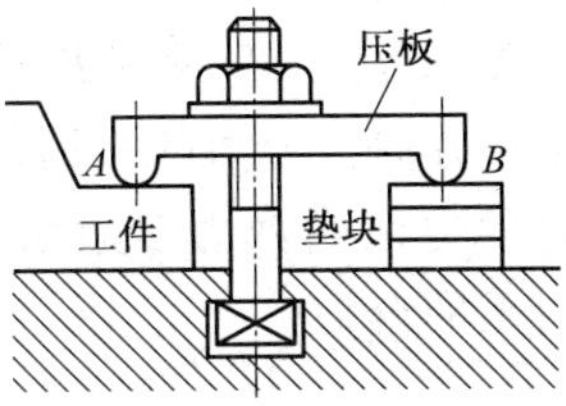	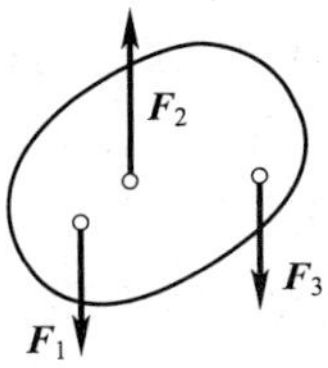	平面力系中各力的作用线互相平行
平面一般力系	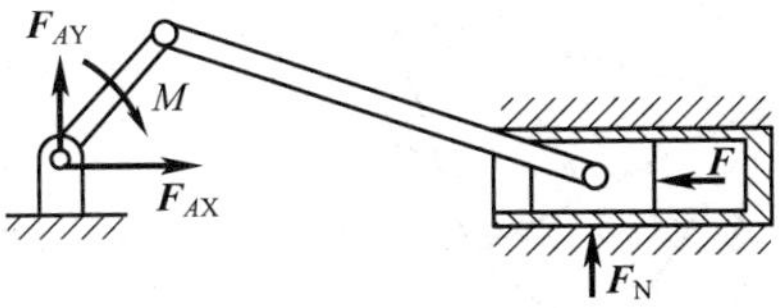	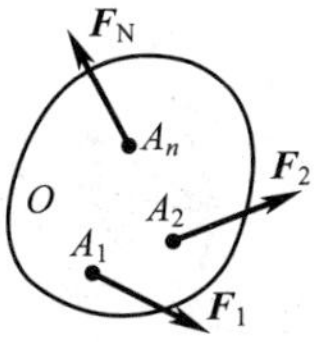	作用在物体上的力的作用线都在同一平面内,且呈任意分布

2.1　平面汇交力系

2.1.1　平面汇交力系合成的几何法与平衡的几何条件

1. 平面汇交力系合成的几何法

(1)两个汇交力的合成

设作用在物体上有两个汇交于 O 点的力 F_1 和 F_2,要求这两个力的合力。根据静力学公理中的力的平行四边形公理,可得其合力的大小和方向是以两个力 F_1、F_2 为边构成的平行四边形的对角线表示的,合力 F_R 作用点就是两个力 F_1、F_2 的交汇点,如图 2-1(a)所示。而在实际中,我们只需画出力的平行四边形的一半就能得到合力,如图 2-1(b)所示。从 A 点作 $AB/\!/F_1$,且 $AB=F_1$,再从 F_1 的终点 B 做 $BC/\!/F_2$,连接 AC,图中所形成的三角形 ABC 称为力三角形。矢量 AC 则是表示合力 F_R 的大小和方向,合力的作用点仍是原两力的汇交点 O。这种合力的方法叫做力的三角形法则,用公式表示为

$$F_R = F_1 + F_2$$

该式是矢量等式,不能用代数加法,只能用矢量加法。

(2)多个汇交力的合成

设物体的 O 点作用有一平面汇交力系 F_1、F_2、F_3、F_4,如图 2-2(a)所示。现求其合力时,可连续应用力的三角形法则。选定适当的比例,先求 F_1、F_2 的合力 F_{R1},再将 F_{12} 与力 F_3 合

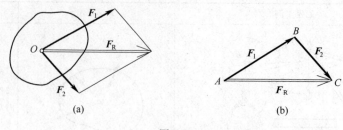

图 2-1

成 F_{12}，求出 F_{R2}，最后求出 F_{R2} 与 F_4 的合力 F_R。力 F_R 就是原汇交力系的合力。实际作图时，F_{R1} 和 F_{R2} 不比画出，只按选定的比例一次作矢量 AB、BC、CD 和 DE 分别代表力 F_1、F_2、F_3 和 F_4。然后连接 AE，则 AE 就代表合力的大小和方向。合力的作用点是原汇交力系的交点 O。多边形 $ABCDE$ 叫做力多边形，这种求合力的方法叫做力多边法则。简单地说，就是各力首尾相接，力多边形的封闭边，就代表原汇交力系的合力。

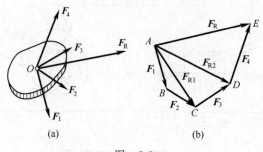

图 2-2

应用力多边形时，可改变分力作图的先后次序，则就得到不同形状的力多边形，但力多边形的封闭边不变，即合力的大小和方向不变。

力多边形法则可推广到任意个汇交力的情形，可用公式表示为

$$F_R = F_1 + F_2 + \cdots + F_n = \sum F \tag{2-1}$$

即平面汇交力系合成的结果是一个合力，合力的大小和方向等于原力系中的矢量和，其作用点是原汇交力系的交点。

【例 2-1】 已知吊环上的作用有共面的三个拉力［图 2-3（a）］，各力大小分别为 $F_{T1} = 2$ kN，$F_{T2} = 2$ kN，$F_{T3} = 1.5$ kN，方向如图所示。试用几何法求合力。

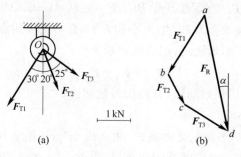

图 2-3

【解】 三个拉力 F_{T1}、F_{T2}、F_{T3} 的作用线交于吊环中心 O，构成了平面汇交力系。选定单位长度表示 1 kN，做 $ab=F_{T1}$，$bc=F_{T2}$，$cd=F_{T3}$，连接 ad，矢量 ad 即代表合力 F_R 的大小和方向［图 2-3(b)］。按比例量得

$$F_R=3.75\ \text{kN}，\alpha=6°$$

2. 平面汇交力系平衡的几何条件

平面汇交力系用几何法合成时，如果力多边形中最后一个力的终点与第一个力的起点相重合，形成了一个自行封闭的多边形，则该汇交力系的合力 F_R 等于零，此力系为平衡力系。受到这种力系作用的物体将处于平衡状态。于是，可得出如下结论：平面汇交力系平衡的必要和充分的几何条件是力系中各力构成的力多边形自行封闭——力系中各力画成一个首尾相接的封闭的力多边形，此时，力系的合力等于零。写成数学式

$$F_R=0 \quad \text{或} \quad \sum F=0 \tag{2-2}$$

如已知物体在平面汇交力系作用下处于平衡状态，则可应用平衡的几何条件求未知的约束力，但未知量的个数不能超过两个。

【例 2-2】 如图 2-4(a)所示，起重机吊起一减速箱盖，箱盖重量为 $G=200$ N，钢丝绳与铅垂限度夹角 $\alpha=60°$，$\beta=30°$。求钢丝绳 AB 和 AC 的拉力。

【解】 取减速箱为研究对象作受力图［图 2-4(b)］。箱盖受到重力 G 和两根钢丝绳的拉力 F_{TB}、F_{TC} 作用而平衡。根据三力平衡汇交定理，这三个力组成的力三角形应自行封闭，从而可由已知力 G 求出未知力 F_{TB}、F_{TC}。作为三角形的步骤如下：选取适当的比例尺，选作铅垂矢量 ab 是 G 的力矢，再从 a 点和 b 点分别作平行于 F_{TB}、F_{TC} 作用的两条直线 bc 和 ac，它们相交于 C 点，于是得到力三角形 abc，线段 bc 和 ac 的长度分别表示 F_{TB} 和 F_{TC} 的大小，F_{TB} 和 F_{TC} 的指向应符合各力收尾相接的规则，可由已知矢 G 的方向定 F_{TB} 和 F_{TC} 的指向。图 2-2c 为所得封闭的力三角形。按所选比例尺可量出

$$F_{TB}=bc=100(\text{N})，F_{TC}=ac=173(\text{N})$$

从三力矢构成一个直角三角形可以看出，两个未知力的大小也可用三角函授公式计算，即

$$F_{TB}=G\cos60°=100(\text{N})$$

$$F_{TC}=G\sin60°=173(\text{N})$$

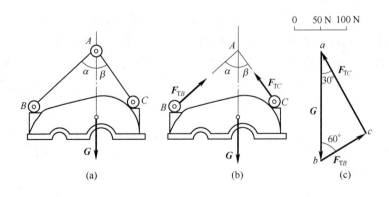

图　2-4

【例 2-3】 梁 AB 在 C 点受力 F_P 作用，如图 2-5(a)所示。设 $F_P=10$ kN，梁重不计。求支座 A、B 的约束反力。

【解】 取梁 AB 为研究对象,画出其受力图。梁受到已知力 F_P 和支座反力 F_A、F_B 的作用。B 处是活动铰支座,F_B 的作用线垂直与支承面,指向假设向上,A 处是固定铰支座,F_A 的方向未定。因为梁只受到三个共面力的作用而处于平衡,所以可用三力平衡汇交定理求解。

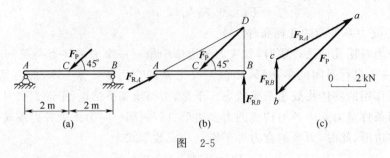

图 2-5

力 F_P 与 F_B 的作用线相交与 D 点,F_A 沿 AD 直线作用,指向假设如图 2-5(b)所示。按比例尺作闭合的力三角形 abc,如图 2-5(c)所示,由图可见,两反力指向假设正确,由比例尺量得

$$F_A = 7.91 \text{ kN}, F_B = 3.53 \text{ kN}$$

通过以上的例题,可总结几何法解题的主要步骤如下:

(1)取适当的物体作为研究对象,它应与已知力和待求的未知力有关,画出其受力图。

(2)用三角形或多边形,作图时应选适当的比例尺,并从已知力开始,再画未知力,做闭合的力三角形或多边形,就可确定未知力的指向。

(3)图上量出或用三角函数公式计算出未知力的大小。

2.1.2 平面汇交力系合成的解析法

1. 力在坐标轴上的投影

众所周知,空间物体在灯光的照射下,会在地面或墙壁上出现它的影子。投影法就是根据这一自然现象并经过科学的抽象所总结出的用投射在平面上的图形表示空间物体形状的方法。为了能用代数计算方法求合力,需引入力在坐标轴上的投影这个概念。力在坐标轴上的投影类似于物体的平行投影。

如图 2-6 所示,设力 F 从 A 指向 B。在力 F 的作用平面内取直角坐标系 xOy,从力 F 的起点 A 及终点 B 分别向 x 轴和 y 轴作垂线,得交点 a、b 和 a'、b',并在 x 轴和 y 轴上得线段 ab 和 $a'b'$。线段 ab 和 $a'b'$ 的长度加正号或负号,叫做 F 在 x 轴和 y 轴上的投影,分别用 F_x 和 F_y 表示。即

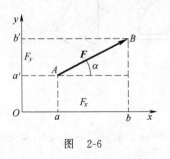

图 2-6

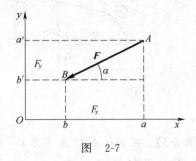

图 2-7

$$
\begin{cases}
F_x = F\cos\alpha \\
F_y = F\sin\alpha
\end{cases}
\tag{2-3}
$$

投影的正负号规定如下：从投影的起点 a 到终点 b 与坐标轴的正向一致时，该投影取正号；与坐标轴的正向相反时，取负号。因此，力在坐标轴上的投影是代数量。

图 2-7 所示的情况为

$$
\begin{cases}
F_x = -F\cos\alpha \\
F_y = -F\sin\alpha
\end{cases}
\tag{2-4}
$$

当力与坐标轴垂直时，力在该轴上的投影为零；当力与坐标轴平行时，其投影的绝对值与该力的大小相等。

当力在坐标轴上的投影 F_x 和 F_y 已知时，力 $\boldsymbol{F}$ 的大小和方向可按以下公式计算

$$
\begin{cases}
F = \sqrt{F_x^2 + F_y^2} \\
\tan\alpha = \dfrac{|F_y|}{|F_x|}
\end{cases}
\tag{2-5}
$$

式中 α——力 $\boldsymbol{F}$ 与支座 x 轴的夹角（锐角）。

必须注意：力的投影与力的分力是不相同的，力的投影是代数量，而分力是有大小、方向、作用点或作用线的矢量。

【例 2-4】 试求图 2-8 所示各力在 x 轴和 y 轴上的投影。已知 $F_1=100$ N，$F_2=150$ N，$F_3=F_4=200$ N，各力的方向如图所示。

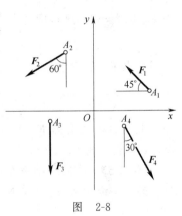

【解】 $F_{x1} = -F_1\cos45° = -100\times0.707 = -70.7\text{(N)}$

$F_{y1} = F_1\sin45° = 100\times0.70 = 70.7\text{(N)}$

$F_{x2} = -F_2\cos30° = -150\times0.866 = -129.9\text{(N)}$

$F_{y2} = -F_2\sin30° = -150\times0.5 = -75\text{(N)}$

$F_{x3} = F_3\cos90° = 200\times0 = 0$

$F_{y3} = -F_3\sin90° = -200\times1 = -200\text{(N)}$

$F_{x4} = F_4\sin30° = 200\times0.5 = 100\text{(N)}$

$F_{y4} = -F_4\cos30° = -200\times0.866 = -173.2\text{(N)}$

图   2-8

2. 合力投影定理

由于坐标轴上的投影是代数量，所以各力在同一个轴上的投影可以进行代数运算，因此可得合力投影定理。

设有作用于刚体上的平面汇交力系 $\boldsymbol{F}_1$、$\boldsymbol{F}_2$、$\boldsymbol{F}_3$［图 2-9（a）］，用力多边形法则求出其合力 $\boldsymbol{F}_R$［图 2-9（b）］。在力多边形 $ABCD$ 所在平面内，取直角坐标系 xOy，将力系中各力 $\boldsymbol{F}_1$、$\boldsymbol{F}_2$、$\boldsymbol{F}_3$ 及其合力 $\boldsymbol{F}_R$ 向 x 轴投影，得

$$F_{x1}=ab, \quad F_{x2}=bc, \quad F_{x3}=-cd, \quad F_R=ad$$

由图 2-9（b）可以看出 $ad = ab + bc - cd$

所以 $F_{Rx} = F_{x1} + F_{x2} + F_{x3}$

这一关系可推广到任意各平面汇交力的情况，即

$$F_{Rx} = F_{x1} + F_{x2} + \cdots + F_{xn} = \sum F_x \tag{2-6}$$

同理，将各力向 y 轴投影，可得

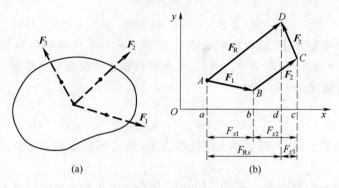

图　2-9

$$F_{Ry} = F_{y1} + F_{y2} + \cdots + F_{yn} = \sum F_y \tag{2-7}$$

以上两式说明：合力在任一坐标轴上的投影，等于各分力在同一坐标轴上投影的代数和，这就是合力投影定理。

3. 用解析法求平面汇交力系的合力

求平面汇交力系 F_1、F_2、$\cdots$、F_n 的合力，利用合力投影定理进行计算较为方便。设各力在直角坐标轴 x、y 上分别进行投影，根据合力投影定理求得 F_{Rx}、F_{Ry}，再由式(2-5)计算出合力 F_R 的大小和方向，即合力 F_R 的大小为

$$F_R = \sqrt{F_{Rx}^2 + F_{Ry}^2} = \sqrt{\left(\sum F_x\right)^2 + \left(\sum F_y\right)^2} \tag{2-8}$$

合力 F_R 的方向为

$$\tan\alpha = \left|\frac{F_{Ry}}{F_{Rx}}\right| = \left|\frac{\sum F_y}{\sum F_x}\right| \tag{2-9}$$

上式中，α 为合力 F_R 与 x 轴所夹锐角，α 角在哪个象限由 $\sum F_x$ 和 $\sum F_y$ 的正负号来确定，具体详见图 2-10 所示。合力 F_R 的作用线，仍然通过力系的汇交点。

【例 2-5】　在同一个平面内的三根绳连接在一个固定的圆环上（图 2-11）。已知三根绳上拉力的大小分别为 $F_1 = 50\ \text{N}$，$F_2 = 100\ \text{N}$，$F_3 = 200\ \text{N}$。求这三根绳作用在圆环上的合力。

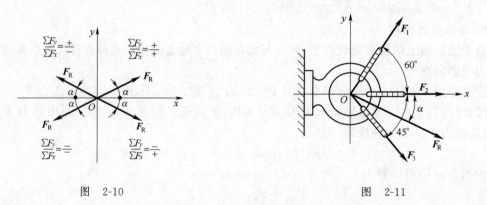

图　2-10　　　　　　　　　　　　　　　图　2-11

【解】　一力系汇交点 O 为坐标原点。取直角坐标系 xOy 并令 x 轴与 F_2 重合（使坐标轴与该力重合，可简化计算），由式(2-6)和式(2-7)分别求出已知力在 x 轴、y 轴上的投影的代数和，即

$$F_{Rx} = \sum F_x = F_1 \cos 60° + F_2 + F_3 \cos 45° = 50 \times 0.5 + 100 + 200 \times 0.707 = 266(N)$$

$$F_{Ry} = \sum F_y = F_1 \sin 60° + 0 - F_3 \sin 45° = 200 \times 0.866 - 200 \times 0.707 = -98.1(N)$$

由式(2-8)求出合力的大小为

$$F_R = \sqrt{F_{Rx}^2 + F_{Ry}^2} = \sqrt{266^2 + (-98.1)^2} = 284(N)$$

合力 F_R 的方向为

$$\tan\alpha = \left| \frac{F_{Ry}}{F_{Rx}} \right| = \left| \frac{-98.1}{266} \right| = 0.369$$

$$\alpha = 20°15'$$

【例 2-6】　如图 2-12 所示,已知 $F_1 = 20$ kN,$F_2 = 40$ kN,如果三个力 F_1、F_2、F_3 的合力 F_R 沿铅垂向下,试求 F_3 和 F_R 的大小。

【解】　取直角坐标系如图所示。因已知合力 F_R 沿 y 轴向下,故 $F_{Rx} = 0$,$F_{Ry} = -F_R$。

由合力投影定理知

$$F_{Rx} = \sum F_x$$

得

$$0 = -F_1 - F_2 \cos 25° + F_3 \cos\alpha$$

即

$$0 = -20 - 40 \times 0.906 + F_3 \times \frac{4}{\sqrt{3^2 + 4^2}}$$

解得

$$F_3 = 70.3 \text{ kN}$$

又由

$$F_{Ry} = \sum F_y$$

得

$$-F_R = 0 - F_2 \sin 25° - F_3 \sin\alpha$$

即

$$-F_R = -40 \times 0.423 - 70.3 \times \frac{3}{\sqrt{3^2 + 4^2}}$$

解得

$$F_R = 59.1 \text{ kN}$$

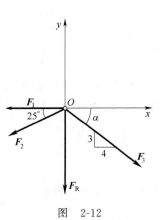

图　2-12

2.1.3　平面汇交力系平衡的解析条件

从平面汇交力系平衡的几何条件知:平面汇交力系平衡的必要与充分条件是力系的合力等于零。用解析式表达为

$$F_R = \sqrt{F_{Rx}^2 + F_{Ry}^2} = 0 \tag{2-10}$$

由于 F_{Rx}^2 和 F_{Ry}^2 均恒为正数,因此有

$$\left. \begin{array}{l} \sum F_x = 0 \\ \sum F_y = 0 \end{array} \right\} \tag{2-11}$$

于是平面汇交力系平衡的解析条件为,力系中所有各力在两个坐标轴上的投影的代数和分别等于零。

式(2-11)就称为平面汇交力系的平衡方程。它是两个独立的方程,在求解平面汇交力系的平衡问题时可以解出两个独立的未知量。解题时,若未知力的指向不明时可先假设,若计算结果为正值,则表明所设指向与力的实际指向相同;若为负值,则表明所设指向与实际指向相反。

【例 2-7】 一根钢管重 $G=5$ kN,放在 V 形槽内[图 2-13(a)]。钢管与槽面间的摩擦不计,求槽面对钢管的约束反力。

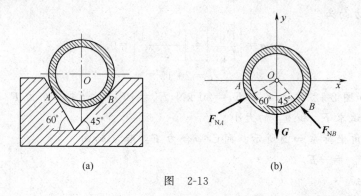

图　2-13

【解】 取钢管为研究对象,作用在它上面的有重力 G 及光滑槽面的约束反力 F_{NA} 和 F_{NB},其受力图如图 2-13(b)所示。三力 G、F_{NA}、F_{NB} 组成平面汇交力系。

设直角坐标系如图,列平衡方程

$$\sum F_x=0, \quad F_{NA}\sin60°-F_{NB}\sin45°=0 \tag{a}$$

$$\sum F_y=0, \quad F_{NA}\cos60°+F_{NB}\cos45°-G=0 \tag{b}$$

将式(a)与式(b)相加得

$$(\sin60°+\cos60°)F_{NA}-G=0$$

解得

$$F_{NA}=\frac{G}{\sin60°+\cos60°}=\frac{5}{0.866+0.5}=3.66(\text{kN})$$

将 $F_{NA}=3.66$ kN 代入式(a)得

$$F_{NB}=\frac{F_{NA}\sin60°}{\sin45°}=\frac{3.66\times0.866}{0.707}=4.48(\text{kN})$$

【例 2-8】 如图 2-14(a)所示,平面刚架在 C 点受一水平力 F 作用。设 $F=20$ kN,不计刚架自身的重量。求支座 A、B 的约束反力。

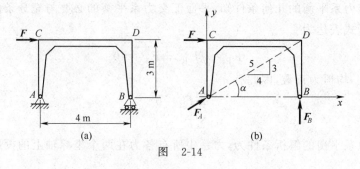

图　2-14

【解】 取刚架为研究对象。根据铰支座的性质,F_B 应垂直于支承面,F_A 的方向属未定,但因刚架只受三个力作用,而 F 与 F_B 交于 D 点,由三力平衡汇交定理知 F_A 必沿 AD 线,故可画出刚架的受力图[图 2-14(b)]，图中 F_A 和 F_B 的指向均为假设。

选取坐标轴 x、y 如图所示，F_A 与 x 轴夹角为 α。列平衡方程

$$\sum F_x = 0, \quad F + F_A\cos\alpha = 0 \tag{a}$$

$$\sum F_y = 0, \quad F_A\sin\alpha + F_B = 0 \tag{b}$$

由式（a）得

$$F_A = -\frac{F}{\cos\alpha} = -\frac{20}{\dfrac{4}{5}} = -25(\text{kN})$$

负号表明 F_A 的实际方向与假设方向相反。应当注意，如果在后面用到 F_A 时，必须将负号一起代入进行计算。

由式（b）得

$$F_B = -F_A\sin\alpha = -(-25) \times \frac{3}{5} = 15(\text{kN})$$

【例 2-9】　求图 2-15(a)所示三角支架中杆 AC 和杆 BC 所受的力。已知重物 D 重 $W=10$ kN。

【解】　取铰 C 为研究对象。因杆 AC 和杆 BC 均为二力杆，所以 F_{AC} 和 F_{BC} 的作用线都沿杆的轴线方向。假设 F_{AC} 为拉力，F_{BC} 为压力，画受力图如图 2-15(b)所示。

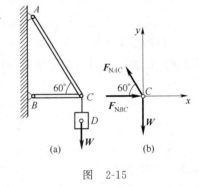

选取直角坐标系如图。列平衡方程

$$\sum F_y = 0, \quad F_{NAC}\sin 60° - W = 0$$

得

$$F_{NAC} = -\frac{W}{\sin 60°} = \frac{10}{0.866} = 11.55(\text{kN})$$

由

$$\sum F_x = 0, \quad F_{NBC} - F_{NAC}\cos 60° = 0$$

图　2-15

得　　$F_{NBC} = F_{NAC}\cos 60° = 11.55 \times 0.5 = 5.77(\text{kN})$

【例 2-10】　图 2-16(a)所示，重物 $G=20$ kN，用钢丝绳挂在支架的滑轮上，钢丝绳的另一端缠绕在绞车 D 上。杆 AB 和杆 BC 铰链，并以铰链 A、C 与墙连接。如两杆和滑轮的自重不计，并忽略摩擦和滑轮的大小，试求平衡时杆 AB 和杆 BC 所受的力。

【解】　取滑轮（包含销钉）B 为研究对象。因为杆 AB 和杆 BC 均为二力杆，假设杆 AB 受拉力，杆 BC 受压力，它们分别对销钉 B 产生作用。而滑轮受到钢丝绳的拉力 F_{T1} 和 F_{T2} 作用，由定滑轮原理知，$F_{T1} = F_{T2} = G$。由于滑轮大小不计，所以上面分析产生的 4 个力组成平面汇交力系，滑轮的受力图如图 2-16(b)所示。

选取直角坐标系[图 2-16(b)]。列平衡方程，由

$$\sum F_x = 0, \quad -F_{BA} + F_{T1}\cos 60° - F_{T2}\cos 30° = 0$$

得　　　　$F_{BA} = F_{T1}\cos 60° - F_{T2}\cos 30° = -0.366G = -7.32(\text{kN})$

由　　　　$\sum F_y = 0, \quad F_{BC} - F_{T1}\cos 30° - F_{T2}\cos 60° = 0$

得　　　　$F_{BC} = F_{T1}\cos 30° - F_{T2}\cos 60° = 20 \times 0.866 + 20 \times 0.5 = 27.32(\text{kN})$

所求结果：F_{BC} 为正值，表示该力实际上也为压力，即杆 BC 受压，而 F_{BC} 为负值，表示该力的假设方向与实际方向相反，即杆 AB 也受压。

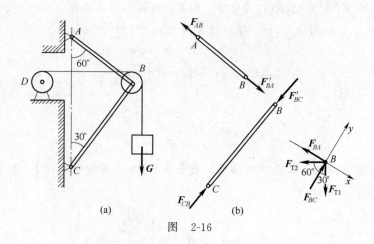

图 2-16

应用平衡方程来解决工程上的平衡问题是静力学的主要任务之一,解题时常按以下步骤进行:

(1)选取研究对象。

(2)画受力图。约束反力指向未定者应先假设。

(3)选取适当的坐标轴,并画在受力图上。

(4)列平衡方程并求解未知量。列方程时注意各力的投影的正负号。当求出的未知力为负数时,就表示该力的实际指向与假设的指向相反。

2.2 力矩和力偶

在研究比较复杂的力系合成与平衡,以及在讨论物体转动问题时,需要应用到两个重要的概念—力矩和力偶。本节将介绍力矩和力偶的概念以及平面力偶系的合成及平衡问题。这些知识在理论和实际应用方面都有重要意义。

2.2.1 力矩的概念及计算

1. 力对点的矩

从生活和实践中可知,力除了能使物体移动外,还可以使物体转动。力矩就是度量力使物体转动的效果的物理量。例如,用手开、关门窗,用杠杆撬动重物,用扳手拧螺母等,都是力使其绕一点转动的实例。

力作用在物体上,使其绕某点转动的效果有大有小,转动效果的大小与哪些因素有关呢?

现以扳手拧螺母为例(图 2-17)来说明力矩的概念。设力 F 作用在与螺母轴线垂直的平面内,由经验知,螺母的拧紧程度不仅与力 F 的大小有关,而且还与螺母中心 O 到力 F 作用的距离 d 有关。显然,力 F 的值一定时,d 越大,螺母将拧得越紧。此外,如果力 F 的作用方向与图 2-17 所示的相反时则扳手将使螺母松开。因此,我们就以乘积 $F \cdot d$ 并冠以正负号作为力 F 使物体绕 O 点转动效应的度量,称为力 F 对 O 点之矩,简称力矩,以符号 $M_O(F)$ 表示,即

$$M_O(F) = \pm F \times d \tag{2-12}$$

其中点 O 称为力矩中心(矩心),距离 d 称为 F 对点 O 的力臂。

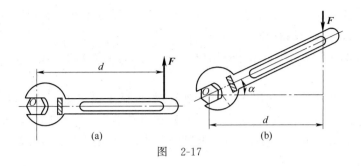

图　2-17

一般规定：在平面内，力使物体绕矩心作逆时针方向转动时，力矩为正[图 2-18(a)]；力使物体绕矩形作顺时针方向转动时，力矩为负[图 2-18(b)]。

力矩的单位是力的单位和距离的单位的乘积。在国际单位制中力矩常用单位是牛(顿)・米(N・m)或千牛(顿)・米(kN・m)。

由力矩的定义可知，力矩在下列两种情况等于零：

(1)力等于零。

(2)力的作用线通过矩心，即力臂等于零。

应当注意：力矩总是相对于矩心而言的，不指明矩心来谈力矩是没有任何意义的。这就是说，作用于物体上的力可以对任意点取矩，矩心不同，力对物体的力矩不同。根据需要，力矩矩心可以取在物体上，也可以取在物体外。

【例 2-11】　有一扳手，受到 F_1、F_2、F_3 作用，如图 2-19 所示。求各力分别对螺帽中心 O 点的力矩。已知 $F_1 = F_2 = F_3 = 100$ N。

【解】　根据力矩的定义可知

$$M_O(F_1) = -F_1 \times d_1 = -100 \times 0.2 = -20(\text{N} \cdot \text{m})$$

$$M_O(F_2) = F_2 \times d_2 = 100 \times \frac{0.2}{\cos 30°} = 23.1(\text{N} \cdot \text{m})$$

$$M_O(F_3) = F_3 \times d_3 = 100 \times 0 = 0$$

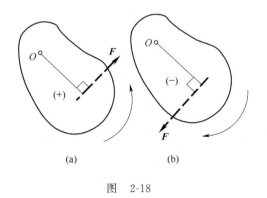

图　2-18

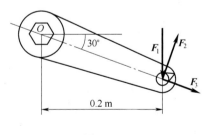

图　2-19

2. 合力矩定理

在计算力矩时，力臂一般可通过几何关系确定，但有时由于几何关系比较复杂，直接计算力臂比较困难。这时将力作适当的分解，可使各分力的力臂计算变得方便。合力矩定理说明了合力对某点之矩与其分力对同一点之矩之间的关系。

合力矩定理:若平面汇交力系有合力,则其合力对平面内任意一点的矩,等于力系中各个分力对同一点的力矩的代数和,即

$$M_O(F)=M_O(F_1)+M_O(F_2)+\cdots+M_O(F_n)=\sum M_O(F) \qquad (2\text{-}13)$$

定理证明从略。

合力矩定理是力学中广泛应用的一个重要定理,可用来确定重心位置,简化力矩的计算。例如,计算力对某点的力矩时,有些实际问题中力臂不易求出,可以将此力分解为相互垂直的分力;如果两分力对该点的力臂已知,即可求出两分力对该点的力矩的代数和,从而得到已知力对该点的力矩。

解题前须知:

(1)求力对点之矩时应注意首先确定矩心,再由矩心向力的作用线作垂线求出力臂,根据力矩计算公式进行计算。

(2)计算力矩时应注意力矩正负的确定,以矩心为中心,沿力的箭头方向绕动,逆时针为正,反之为负。

(3)根据已知条件分析力矩计算方法时,可采用两种不同的方法进行计算,分别是直接公式法(即按力矩公式进行计算)和合力矩定理法(即按合力矩定理对力进行分解再计算)。

【例 2-12】 已知 $F_P=100 \text{ kN}$,作用在平板上的 A 点,板的尺寸如图 2-20 所示。试计算力 F_P 对 O 点的力矩。

【解】 直接求力 F_P 对 O 点之矩有困难,力臂 OD 的计算比较麻烦。我们就可将力 F_P 进行分解,分解为相互垂直的两个分力 F_1 和 F_2,再应用合力矩定理作计算。

$$F_1=F_P\cos60°=100\times0.5=50(\text{kN})$$
$$F_2=F_P\sin60°=100\times0.866=86.6(\text{kN})$$

F_1 至 O 点的力臂 $d_1=2 \text{ m}$,F_2 至 O 点的力臂 $d_2=2.5 \text{ m}$。于是

$$M_O(F_P)=M_O(F_1)+M_O(F_2)=50\times2+86.6\times2.5=316(\text{kN}\cdot\text{m})$$

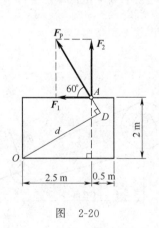

图 2-20

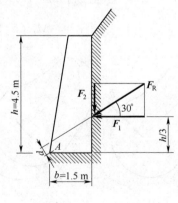

图 2-21

【例 2-13】 图 2-21 所示 F_R 为 1 m 长挡土墙所受土压力的合力,$F_R=150 \text{ kN}$,方向如图所示。求出压力能使墙倾覆的力矩。

【解】 土压力 F_R 可使挡土墙绕 A 点倾覆,故求土压力 F_R 使墙倾覆的力矩,就是求 F_R 对 A 点的力矩。由已知尺寸求力臂 d 不方便,但如果将 F_R 分解为两个分力 F_1、F_2,则两分力的力臂是已知的,故由式(2-13)可得

$$M_O(F_R) = M_O(F_1) + M_O(F_2)$$
$$= F_1 \times \frac{h}{3} - F_2 \times b$$
$$= 150\cos30° \times 1.5 - 150\sin30° \times 1.5 = 82.4(\text{kN} \cdot \text{m})$$

2.2.2 力   偶

1. 力偶的概念

物体受到两个大小相等，方向相反的两共线力系作用时，物体可保持平衡状态。但是，当两个力大小相等、方向相反、不共线而平行时，物体能否保持平衡呢? 实践告诉我们，在这种情况下，物体将产生转动。汽车驾驶员用双手转动转向盘(图 2-22)，工人师傅用螺锥攻丝(图 2-23)，人们用手指旋转钥匙开门或开关水龙头等，都是上述受力情况的实例。

在力学中把这样一对大小相等、方向相反且不共线的平行力，称为力偶，用符号(F, F')表示。两个力作用线之间的垂直距离 d 称为力偶臂，两个力作用线所决定的平面称为力偶的作用面。

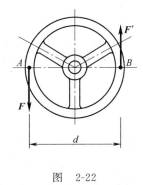

图   2-22

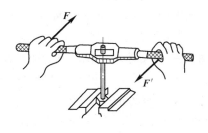

图   2-23

试验表明，力偶对物体只能产生转动效应，且当力越大或力偶臂越大时，力偶使刚体转动效应就越显著。因此，力偶对物体的转动效应取决于力偶中力的大小、力偶的转向以及力偶臂的大小。在平面问题中，将力偶中一个力的大小与力偶臂的乘积冠以正负号作为力偶对物体转动效应的度量，称为力偶矩。用符号 M 表示，即

$$M = \pm F \cdot d \tag{2-14}$$

式中，正号代表力偶逆时针转向;负号代表力偶顺时针转向。力偶矩的单位和力矩的单位相同，也是牛·米(N·m)或千牛·米(kN·m)。

综上所述，力偶对物体的作用效果完全取决于力偶矩的大小，力偶的转向和力偶作用面的方位三个要素与力的三要素相类似，称为力偶的三要素。

2. 力偶的性质

(1)力偶没有合力，即力偶不能用一个力来代替，也不能用一个力来平衡，只能用力偶来平衡。

(2)力偶对其作用面内任一点的力矩恒等于力偶矩，而与矩心的选择无关，即欲求力偶对其作用面内任意一点的力矩时，计算出力偶中两个力分别对该点的力矩的代数和就等于力偶矩。

(3)在同一平面内的两力偶，如果力偶矩的代数值相等(即力偶矩大小相等，转向相同)，则这两个力偶等效。这一性质，叫做力偶的等效性。由此得到以下两个推论:

①力偶可在其作用面内任意移动或转动,而不改变它对物体的转动效应。即力偶对物体的转动效果与它在作用面内的位置无关。

②在保持力偶矩不变的情况下,可以同时改变力偶中力的大小和力偶臂的长短,而不改变它对物体的转动效果。

因此,在研究某一平面内的问题时,只需考虑力偶矩的大小和力偶的转向,而不必单独研究力偶中力的大小和力偶臂的长短,也不必考虑力偶在其作用面内的位置。在工程上,常习惯用一带箭头的弧线表示力偶的转向,如图 2-24。

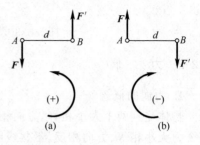

图　2-24

2.2.3　平面力偶系的合成及平衡

两个或两个以上的力偶同时作用在物体上,这一群力偶称为力偶系。作用在同一平面内的力偶系称为平面力偶系。

1. 平面力偶系的合成

力偶系的合成,就是求力偶系的合力偶矩。设 M_1、M_2、$\cdots$、M_n 为平面力偶系的各力偶矩,M 为合力偶矩。而 M 合力偶矩对物体的转动效果就等于力偶系中各分力偶共同作用时的转动效果,亦等于各力偶转动效果的总和,即

$$M = M_1 + M_2 + \cdots + M_n = \sum M \tag{2-15}$$

2. 平面力偶系的平衡

平面力偶系的简化结果为一合力偶,当合力偶矩为零时,表明使物体顺时针方向转动的力偶矩与使物体逆时针方向转动的力偶矩相等,作用效果相互抵消,物体保持平衡状态,也就是相对静止或匀速运动。因此,平面力偶系平衡的必要且充分条件是:所有力偶矩的代数和等于零,即

$$\sum M = 0 \tag{2-16}$$

上式称为平面力偶系的平衡方程,用它可求解一个未知量。

【例 2-14】 梁 AB 受荷载作用如图 2-25(a)所示。已知 $M = 10 \text{ kN} \cdot \text{m}$,$F_P = F'_P = 5 \text{ kN}$,梁重不计。求支座 A、B 的约束反力。

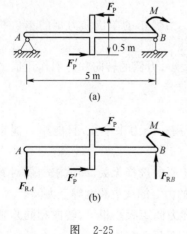

图　2-25

【解】 取梁 AB 为研究对象。由两端支座的性质,知 F_B 的作用线铅垂,而 F_A 的作用线不定。但梁上的荷载只有两个力偶,而力偶只能与力偶平衡。所以 F_A 与 F_B 必组成一个力偶,即 F_A 与 F_B 大小相等、方向相反、作用线相互平行,因此 F_A 的作用线也应是铅垂的。假设 F_A 和 F_B 的指向如图 2-25(b)所示。由平面力偶系的平衡条件知

$$\sum M = 0, \quad F_P \times 0.5 - M + F_A \times 5 = 0$$

得

$$F_A = \frac{M - F_P \times 0.5}{5} = \frac{10 - 5 \times 0.5}{5} = 1.5 (\text{kN})(\downarrow)$$

故

$$F_B = 1.5 (\text{kN})(\uparrow)$$

2.3　平面一般力系

在平面力系中,如果各力的作用线既不完全汇交于一点,又不完全互相平行,即各力的作用线呈任意分布,则把这样力系称为平面一般力系,也称为平面任意力系。前面讨论的平面汇交力系和平面力偶系是平面一般力系的特殊情况。

本节将在前面已学知识的基础上,重点讨论平面一般力系的平衡条件和在平面一般力系作用下物体和物体系统的平衡问题,介绍平面平行力系的平衡问题。掌握平面力系的解题方法,从而解决工程中许多具有普遍性的实际问题,因此,本节知识在静力学中占有极其重要的地位。

2.3.1　平面一般力系的简化

1. 力的平移定理

在静力学公理中,我们学习了力的可传性原理,知道作用在物体(刚体)上的力可沿其作用线移动,而不改变力对物体的作用效果。那么,如果把作用在物体上的一个力平行移动到物体上的任意一点,会不会改变它对物体的作用效果呢?

设一力作用在轮缘上的 A 点,如图 2-26(a)所示,此力可使轮子转动,如果将它平移到轮心 O 点[图 2-26(b)中的力 F'],则它就不能使轮子转动,可见运动效果是不同的。但是,当我们将力 F 平移到 O 点,再在轮上附加一个适当的力偶[图 2-26(c)],就可使轮子转动的效应和力 F 没有平移是[图 2-26(a)]一样。可见要将力平移,就需要附加一个力偶才能与平移前的效果一样。

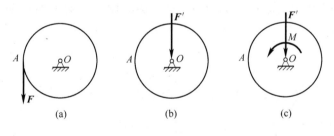

图　2-26

在一般情况下,设在刚体的 A 点作用一个力 F,将它平行移动到刚体上的任意一点 O[图 2-27(a)]。为此,在点 O 加上两个大小相等、方向相反并在同一条直线上的力 F' 和 F'',并使这两个力与力 F 平行,且 $F=F'=F''$,如图 2-27(b)所示。显然力 F、F'、F'' 组成的新力系与原来的力 F 对刚体的移动效果等效。

这三个力可以看作是一个作用于点 O 的力 F' 和一个力偶(F,F'')。这样,原来作用在点 A 的力 F,现在被力 F' 和力偶(F,F'')等效替换。由此可见,把作用在点 A 的力 F 平移到点 O 时,若使其与作用在点 A 等效,必须同时加上一个相应的力偶矩 M,这个力偶矩称为附加力偶矩,如图 2-27(c)所示,此附加力偶矩的大小为

$$M=F \times d=M_O(F) \tag{2-17}$$

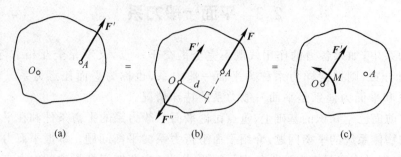

图　2-27

上式表明,附加力偶矩的大小和转向与力 F 对 B 点的力矩相同。由此可得力的平移定理:若将作用在刚体上某点的力,平移到刚体上的另一点,而不改变原力对刚体的作用效果,则必须附加一力偶,其力偶矩等于原力对新作用点的矩。

显然,附加力偶矩的大小和正、负号随其作用点的位置不同而不同,而力 F' 与新作用点的位置无关。

由力的平移定理可知,一个力在平移时能够分解成一个力和一个力偶;反过来,一个力和一个力偶可以合成一个力。

2. 平面一般力系向一点的简化

设在物体上有一个平面一般力系 F_1、F_2、$\cdots$、F_n,如图 2-28(a)所示,各力的作用点分别为 A_1、A_2、$\cdots$、A_n。在力系的作用面内任选一点 O,此点称为简化中心。将力系中的各力分别平移到简化中心 O,得到一个各力汇交于 O 点的平面汇交力系和一个由 M_1、M_2、$\cdots$、M_n 组成的附加力偶系,如图 2-28(b)所示。各附加力偶的力偶矩分别等于各相应的力对 O 点所取的力矩。交于 O 点的平面汇交力系可合成为一个合力 F_R,附加平面力偶系也可合成为一个合力偶矩 M_O [图 2-28(c)]。

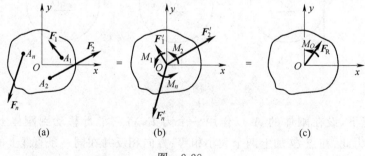

图　2-28

根据合力投影定理,交于 O 点的平面汇交力系的合力 F_R 在 x 轴和 y 轴上投影分别为 F_{Rx} 和 F_{Ry},即

$$
\begin{cases}
F_{Rx} = F_{x_1} + F_{x_2} + \cdots + F_{xn} = \sum F_x \\
F_{Ry} = F_{y_1} + F_{y_2} + \cdots + F_{yn} = \sum F_y
\end{cases}
$$

而合力 F_R 的大小和方向分别为

$$\begin{cases} F_R = \sqrt{F_{Rx}^2 + F_{Ry}^2} = \sqrt{(\sum F_x)^2 + (\sum F_y)^2} \\ \tan\alpha = \dfrac{|F_{Ry}|}{|F_{Rx}|} = \dfrac{|\sum F_y|}{|\sum F_x|} \end{cases} \tag{2-18}$$

由附加平面力偶系合成的合力偶矩 M_O 为

$$M_O = M_1 + M_2 + \cdots + M_n = M_O(F_1) + M_O(F_2) + \cdots + M_O(F_n) = \sum M_O(F) \tag{2-19}$$

即合力偶矩 M_O 等于原力系的各力分别对简化中心力矩的代数和。

合力与简化中心的位置无关,而合力偶矩则与简化中心的位置有关。简化中心改变,则各力对它的力臂将相应改变,故主矩必须标明它所对应的简化中心。

2.3.2 平面一般力系的平衡问题

1. 平面一般力系的平衡条件

由简化结果可知,若平面一般力系平衡,则作用于简化中心的平面汇交力系和附加力偶系也必须同时满足平衡条件,由此可知,物体在平面一般力系的作用下,既不发生移动,也不发生转动的静力平衡条件为:主矢和主矩都为零。即

$$\begin{cases} F_R = 0 \\ M_O(F) = 0 \end{cases} \tag{2-20}$$

2. 平面一般力系的平衡方程的基本形式

根据平面汇交力系和平面力偶系的平衡方程,上式又可写成

$$\begin{cases} \sum F_x = 0 \\ \sum F_y = 0 \\ \sum M_O(F) = 0 \end{cases} \tag{2-21}$$

式(2-21)称为平面一般力系平衡方程的基本形式,也叫一般形式。它表明了平面一般力系平衡的必要和充分条件,又可叙述为:平面一般力系中各力在两个坐标轴上投影的代数和分别等于零,以及各力对任一点的力矩的代数和也等于零。式(2-21)中前两式为投影方程,第三式为力矩方程。

除了基本形式外,平面一般力系的平衡方程还有二矩式和三矩式两种形式:

(1)二矩式平衡方程

$$\begin{cases} \sum F_x = 0 \\ \sum M_A(F) = 0 \\ \sum M_B(F) = 0 \end{cases} \tag{2-22}$$

上式的使用条件是 A、B 两点的连线不能与 $x(y)$ 轴垂直。

(2)三矩式平衡方程

$$\begin{cases} \sum M_A(F) = 0 \\ \sum M_B(F) = 0 \\ \sum M_C(F) = 0 \end{cases} \tag{2-23}$$

上式的使用条件是 A、B、C 三点不能共线。

注意:平面一般力系的平衡方程虽有三种形式共 9 个方程,但不论选用哪种形式,最多只能列出三个方程,求解三个未知量。解题时,选用的原则是尽可能使每个方程只包含一个未知

量,避免解联立方程。

【例 2-15】　简支梁如图 2-29(a)所示。在 C 点受荷载 $F_P=40$ kN,试求支座 A、B 的约束反力。

【解】　以梁 AB 为研究对象。画其受力图并选取坐标轴[图 2-29(b)]。

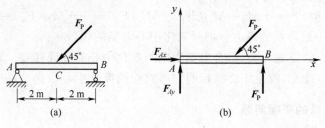

图　2-29

作用在梁上的有已知力 F_P,未知的支座反力 F_{Ax}、F_{Ay} 和 F_B,支座反力的方向均为假设,以上各力组成了一个平面一般力系。列平衡方程并求解。

由　　　　　　　　　　$\sum F_x=0$,　$F_{Ax}-F_P\cos45°=0$

得　　　　　　$F_{Ax}=F_P\cos45°=40\times0.707=28.28(\text{kN})(\rightarrow)$

由　　　　　　　　　$\sum M_A(F)=0$,　$F_B\times4-F_P\sin45°\times2=0$

得

$$F_B=\frac{F_P\sin45°\times2}{4}=\frac{40\times0.707\times2}{4}=14.14(\text{kN})(\uparrow)$$

由　　　　　　　　$\sum F_y=0,F_{Ay}-F_P\sin45°+F_B=0$

得　　　　　　$F_{Ay}=F_P\sin45°-F_B=40\times0.707-14.14=14.14(\text{kN})(\uparrow)$

【例 2-16】　刚架受荷载作用及约束情况如图 2-30(a)所示。$F_P=30$ kN,$M=10$ kN・m,$q=20$ kN/m,刚架自重不计,求 A、B 处的支座反力。

【解】　以刚架为研究对象,画其受力图并选出坐标轴[图 2-30(b)]。作用于刚架上的力由 F_P、q、m 和支座反力 F_{Ax}、F_{Ay}、F_B 共同组成了一个平面一般力系。列平衡方程并求解。

由　　　　　　　　　　$\sum F_x=0$,　　　$F_{Ax}+F_P=0$

得　　　　　　　　　　　$F_{Ax}=-F_P=-30(\text{kN})(\leftarrow)$

由　　　　　　$\sum M_A=0$　　$F_B\times3-F_P\times2-q\times3\times1.5-M=0$

得　　$F_B=\dfrac{F_P\times2+q\times3\times1.5+M}{3}=\dfrac{30\times2+20\times3\times1.5+10}{30}=53.33(\text{kN})(\uparrow)$

由　　　　　$\sum M_B=0,-F_{Ay}\times3-F_P\times2+q\times3\times1.5-M=0$

得

$$F_{Ay}=\frac{q\times3\times1.5-F_P\times2-M}{3}=\frac{20\times3\times1.5-30\times2-10}{3}=6.67(\text{kN})(\uparrow)$$

本题应用的是平面一般力系平衡方程的二力矩式,其中 A、B 两点的连线不与 x 轴垂直。

【例 2-17】　图 2-31(a)为一个三角形托架的受力情况,在横杆上 D 点作用一铅垂向下的荷载 F_P。已知 $F_P=10$ kN,各杆自重不计,求 A、B 处的支座反力。

【解】　以整个三角形托架为研究对象。托架受到已知力 F_P 作用。支座 A 和 B 是托架的约束。由于杆 BC 是二力杆,因此,铰 B 的约束反力 F_B 沿杆 BC 的方向。现假设杆 BC 受

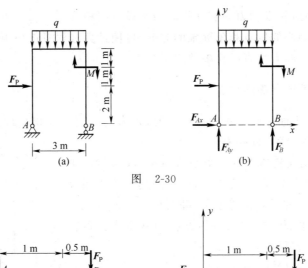

图 2-30

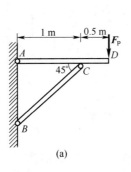
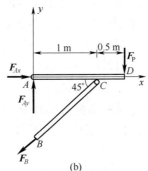

图 2-31

拉,则 F_B 的指向是背离铰 B;铰 A 的约束反力方向不定,用 F_{Ax}、F_{Ay} 表示。在三角形托架上作用有三个未知力 F_{Ax}、F_{Ay}、F_B,画其受力图并选取坐标轴如图 2-31(b)所示。

列平衡方程并求解。

由 $$\sum M_A = 0 \qquad -F_B \sin 45° \times 1 - F_P \times 1.5 = 0$$

得 $$F_B = -\frac{1.5 F_P}{\sin 45°} = -\frac{1.5 \times 10}{0.707} = -21.2 (\text{kN})(\nearrow)$$

由 $$\sum M_B = 0 \qquad -F_{Ax} \times 1 - F_P \times 1.5 = 0$$

得 $$F_{Ax} = -1.5 F_P = -1.5 \times 10 = -15 (\text{kN})(\leftarrow)$$

由 $$\sum M_C = 0 \qquad -F_{Ay} \times 1 - F_P \times 0.5 = 0$$

得 $$F_{Ay} = -0.5 F_P = -0.5 \times 10 = -5 (\text{kN})(\downarrow)$$

计算结果均为负值,说明 F_B、F_{Ax}、F_{Ay} 的假设指向与实际指向相反。本题应用的是三力矩式平衡方程,三个矩心 A、B、C 不在一条直线上。

通过以上的例子可以看出,用平面一般力系平衡方程求解物体的平衡问题时,其解题步骤和注意事项如下:

(1)确定研究对象。根据题目要求,选取适当的研究对象。

(2)画受力图。在研究对象上画出它受到的所有荷载和约束反力,就需要正确分析研究对象所受的主动力和约束反力,不能少画,也不能多画。

(3)选取坐标系,计算各力的投影;选取矩心,计算各力之矩。

(4)列平衡方程。列方程时,最好使一个方程中只有一个未知数,以避免解联立方程。

(5)由平衡方程求解未知量。计算的结果为正值,说明所受未知力的实际指向和假设方向相同,如为负值,说明所受未知力的实际指向与假设方向相反。

注意:恰当选取矩心的位置和坐标轴的方向,可使计算过程简化。矩心可选在两未知力的交点,坐标轴尽量与未知力垂直或与多数力平行。

2.3.3　平面平行力系的平衡条件

平面平行力系是平面一般力系的特殊情况,各力的作用线互相平行。因此它的平衡方程可由平面一般力系的平衡方程导出。

如图 2-32 为作用在物体上的一个平行力系,取 x 轴与平行力系中各力的作用线垂直,y 轴与各力平行,则无论力系是否平衡,各力在 x 轴上的投影恒等于零,即 $\sum F_x = 0$ 成为恒等式,而不必列出。由平面一般力系平衡方程的基本形式可得平面平行力系的平衡方程为

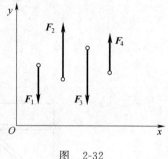

图　2-32

$$\begin{cases} \sum F_y = 0 \\ \sum M_O(F) = 0 \end{cases} \tag{2-24}$$

因此,平面平行力系平衡的必要和充分条件是:力系中所有各力的代数和等于零,力系中各力对任一点的力矩的代数和等于零。

同样,在平面力系中也可得到平衡方程的另一种形式——二力矩式。

$$\begin{cases} \sum M_A(F) = 0 \\ \sum M_B(F) = 0 \end{cases} \tag{2-25}$$

其中 A、B 两点的连线不与力系平行。

平面平行力系只有两个独立的平衡方程,只能求解两个未知量。

【例 2-18】　如图 2-33(a)所示简支梁受荷载 $F_P = 40$ kN,$q = 20$ kN/m 作用,梁的自重不计,试求 A、B 的支座反力。

【解】　以梁 AB 为研究对象,画出受力图并选取坐标轴[图 2-33(b)]。因为梁上作用的荷载 F_P、q 和支座反力 F_B 互相平行,故支座反力 F_A 必与各力平行,才能保证力系为平衡力系。这样荷载和支座反力组成平面平行力系。

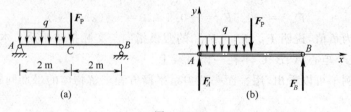

| (a) | (b) |

图　2-33

列平衡方程并求解。由

$$\sum M_A = 0, \quad F_B \times 4 - q \times 2 \times 1 - F_P \times 2 = 0$$

得

$$F_B = \frac{2q + 2F_P}{4} = \frac{2 \times 20 + 40 \times 2}{4} = 30 (\text{kN})(\uparrow)$$

由

$$\sum F_y = 0, \quad F_A - q \times 2 - F_P + F_B = 0$$

得　　　　　　　　$F_A = q \times 2 + F_P - F_B = 20 \times 2 + 40 - 30 = 50(\text{kN})(\uparrow)$

【例 2-19】　一外伸梁受荷载 F_P 和力偶矩 M 作用[图 2-34(a)]。已知 $F_P = 30$ kN，$M = 10$ kN·m，不计梁的自重，求支座 A、B 的约束反力。

【解】　以外伸梁为研究对象，画其受力图[图 2-34(b)]。

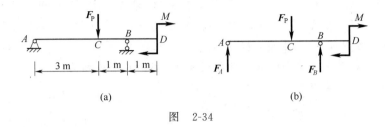

(a)　　　　　　　　　　　　　　　(b)

图　2-34

因为梁上作用的力偶矩 M，它无合力；F_P 与支座反力 F_B 平行，故支座反力 F_A 也必与 F_P、F_B 平行，才能保证力系为平衡力系。因此该力系为平面平行力系。

列平衡方程并求解。由

$$\sum M_A = 0, \quad F_B \times 4 - F_P \times 3 - M = 0$$

得　　　　　　$F_B = \dfrac{F_P \times 3 + M}{4} = \dfrac{30 \times 3 + 10}{4} = 25(\text{kN})(\uparrow)$

由　　　　　　$\sum M_B = 0, \quad -F_A \times 4 + F_P \times 1 - M = 0$

得　　　　　　$F_A = \dfrac{F_B \times 1 - M}{4} = \dfrac{30 \times 1 - 10}{4} = 5(\text{kN})(\uparrow)$

通过以上的例子，可以看出，用平面平行力系平衡方程求解物体的平衡问题时，其解题步骤和注意事项与平面一般力系平衡方程解决问题时相同。

2.4　简单物体系统的平衡问题

所谓物体系统是指由两个或两个以上的物体通过一定的约束连接在一起的系统。当系统平衡时，组成系统的每一个物体也必须处于平衡状态。我们知道，对于处于平面一般力系而平衡的单个物体，有三个平衡方程，因此对于由 n 个物体组成的系统，如果每个物体都受平面一般力系作用，则可列出 $3n$ 个独立的平衡方程，就可以求解出 $3n$ 个未知量。而在实际工程中，有的结构所产生的未知量个数大于独立的平衡方程数目，仅用平衡方程就不可能全部解出，这类问题称为超静定问题，其结构就称为超静定结构。而未知量可以用平衡方程就能全部解出，这类问题称为静定问题，其结构称为静定结构。

求解静定结构的平衡问题，其关键在于恰当地选取研究对象，一般有两种途径：

(1)先选取整个物体系统为研究对象，解得某些未知量，再以系统中某部分物体(一个物体或几个物体的组合)作为研究对象，求出其他未知量。

(2)先选取物体系统中的某部分为研究对象，然后再取其他部分物体或整体为研究对象，逐步求得所有未知量。

不论采用何种途径求解，都需要根据其具体情况确定，原则是用较少的方程，解出所需要的未知量，避免解联立方程。

下面通过例题说明物体系统平衡问题的解法。

【例 2-20】 组合梁的支承情况如图 2-35(a)所示。已知 $F_{P1}=10$ kN，$F_{P2}=20$ kN，试求支座 A、B、D 及铰 C 的约束反力。

【解】 组合梁由 AC 和 CD 两部分组成，作用在每段梁上的力系都是平面一般力系，因此，可列出 6 个独立的平衡方程。未知量有 6 个：A、C 处各 2 个，B、D 处各 1 个。

分别作出梁 CD，梁 AC 及整体的受力图[图 2-35(b)、(c)、(d)]。各约束反力的指向均作假设。由三个受力图可看出，在梁 CD 上只有三个未知力，就先选取梁 CD 为研究对象，求出 F_{Cx}、F_{Cy}、F_D，然后再考虑梁 AC 或整体梁的平衡，解出其余未知力。

(1)以梁 CD 为研究对象

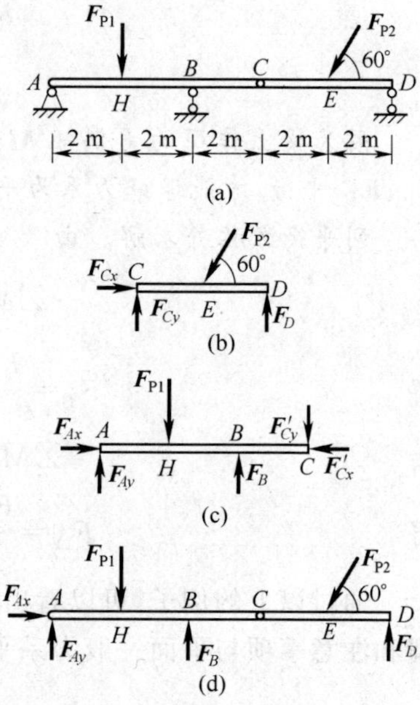

由　　　　$\sum M_C=0$，　$-F_{P2}\sin60°\times2+F_D\times4=0$

得

$$F_D=\frac{F_{P2}\sin60°\times2}{4}=\frac{20\times0.866\times2}{4}=8.66(\text{kN})(\uparrow)$$

又由　　　　$\sum F_x=0$，　$F_{Cx}-F_{P2}\cos60°=0$

得　　　　$F_{Cx}=F_{P2}\cos60°=20\times0.5=10(\text{kN})$

再由　　　$\sum M_D=0$，　$-F_{Cy}\times4+F_{P2}\sin60°\times2=0$

得

$$F_{Cy}=\frac{F_{P2}\sin60°\times2}{4}=\frac{20\times0.866\times2}{4}=8.66(\text{kN})$$

(2)取梁 AC 为研究对象

由　　　$\sum M_A=0$，　$-F_{P1}\times2+F_B\times4-F'_{Cy}\times6=0$

得

$$F_B=\frac{F_{P1}\times2+F'_{Cy}\times6}{4}=\frac{10\times2+8.66\times6}{4}=17.99(\text{kN})(\uparrow)$$

又由　　　　　$\sum F_x=0$，　$F_{Ax}-F'_{Cx}=0$

得　　　　　　　$F_{Ax}=F'_{Cx}=10(\text{kN})(\rightarrow)$

再由　　　　　$\sum F_y=0$，　$F_{Ay}-F_{P1}+F_B-F'_{Cy}=0$

得　　　$F_{Ay}=F_{P1}-F_B+F'_{Cy}=10-17.99+8.66=0.67(\text{kN})(\uparrow)$

图 2-35

【例 2-21】 三铰拱的几何尺寸和荷载如图 2-36(a)所示。已知 $P=80$ kN，$F=40$ kN，$q=20$ kN/m 试求支座 A、C 的约束反力。

【解】 选三铰拱整体为研究对象，其受力图如图 2-36(b)所示。列平衡方程

$$\sum M_A=0,-P\times3+F\times8-F_{Cy}\times12-q\times12\times6=0$$

$$F_{Cy}=\frac{P\times3+F\times8+72q}{12}=\frac{80\times3+40\times8+72\times20}{12}=166.67(\text{kN})(\uparrow)$$

$$\sum M_C=0,F_{Ay}\times12+P\times9+q\times12\times6=0$$

$$F_{Ay}=\frac{P\times9+F\times4+72q}{12}=\frac{80\times9+40\times4+72\times20}{12}=193.33(\text{kN})(\uparrow)$$

$$\sum F_x=0,\quad F_{Ax}-F_{Cx}=0 \tag{a}$$

选左半个拱为研究对象,其受力图如图 2-27(c)所示。列平衡方程

$$\sum M_B = 0, F_{Ax} \times 3 - F_{Ay} \times 6 + P \times 3 + q \times 6 \times 3 = 0$$

$$F_{Ax} = \frac{F_{Ay} \times 6 - P \times 3 - 18q}{3} = \frac{193.33 \times 6 - 80 \times 3 - 20 \times 18}{3} = 186.67(\text{kN})$$

代入(a)式得 $F_{Cx} = F_{Ax} = 186.67(\text{kN})$

通过以上计算,得三铰拱 A、C 支座的约束反力 $F_{Ax} = 186.66$ kN,$F_{Ay} = 193.33$ kN,$F_{Cx} = 186.66$ kN,$F_{Cy} = 166.67$ kN。各力的方向如图 2-36(b)所示。

通过以上例题的分析求解,可见物体系统平衡问题的解题步骤与方法和单个物体平衡问题的解题步骤与方法大致相同。现将物体系统平衡问题的解题步骤和方法归纳如下:

(1)恰当地选取研究对象。①选取整个物体系统为研究为对象,解得某些未知量,再以系统中某部分物体(一个物体或几个物体的组合)作为研究对象,求出其他未知量;②选取某部分物体为研究对象,再取其他部分物体或整体为研究对象,逐步求得所有未知量。

(2)画出受力图。画出研究对象所受的全部主动力和约束反力,不画研究对象中各物体间相互作用的内力。画受力图时,要注意两物体间相互作用的力须遵守作用与反作用公理。

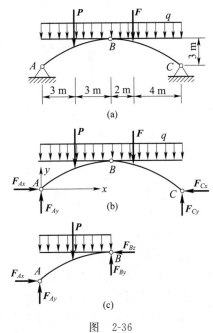

图　2-36

(3)列平衡方程并求解。按照需要求解的未知量数目,列出必需的平衡方程并进行求解。列平衡方程时,最好一个方程只包含一个未知量,使方程简单易解。

2.5　考虑摩擦时的平衡问题

摩擦是机械运动中一种常见现象,也是一种对物体的约束。前面讨论物体的平衡问题时,都略去了摩擦力的作用,而假设物体的接触面是光滑的。当摩擦对研究的问题不起主要作用时,可以忽略不计,这样可以使问题简化,但是当摩擦成为主要因素时,就不能忽略不计了。例如,利用摩擦力传动、制动、夹紧等系统,均必须考虑摩擦的影响。

摩擦按相互接触物体相对运动的形式,可分为滑动摩擦和滚动摩擦两类。在这里只研究滑动摩擦时的平衡问题。

2.5.1　滑动摩擦

两个相互接触的物体,当有相对滑动或相对滑动趋势时,其接触面之间就产生彼此相对滑动的力,这种力称为滑动摩擦力,简称摩擦力。由于摩擦力阻碍两物体相对运动,所以摩擦力的方向沿接触面的公切线,其指向是与相对滑动或相对滑动趋势的方向相反。

1. 静滑动摩擦力

为了掌握滑动摩擦的规律,可作以简单的试验,如图 2-37(a)所示,在水平台面上放一重量为 G 的物块,用一根绕过滑轮的细绳系住它,细绳另一端系一秤盘,并置以砝码,以调节作用于物块上的水平拉力 F_T。当拉力 F_T 不够大时,物块仅有相对滑动的趋势而不滑动。这表明台面对物块除了有法向反力 F_N 作用外,必定还有一个与力 F_N 相反(即沿接触面切向)的阻力 F,且 $F = F_T$,其受力图如图 2-37(b)所示。

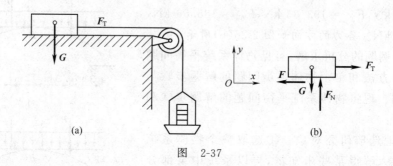

(a)　　　　　　　　　　(b)

图　2-37

若适当增加砝码,即加大水平拉力,物块仍可保持相对静止而不滑动,可知力 F 是在随主动力 F_T 的增大而增大。力 F 称为静滑动摩擦力,简称静摩擦力。

2. 最大静摩擦力

进一步的实验表明静摩擦力 F 不会随主动力 F_T 的增大而无限增大,当 F_T 的大小增大到一定数值时,物块将开始滑动,这种状态称为临界状态。显然,物块处于临界状态时静摩擦力达到最大值,称为最大静摩擦力,以 F_{max} 表示。

大量实验表明:最大摩擦力的大小与两物体间的正压力(即法向反力)成正比,即

$$F_{max} = f_s \times F_N \tag{2-26}$$

这就是静摩擦定律,式中比例常数 f_s 称为静摩擦因数。f_s 是无量纲数,其大小与两接触物体的材料及表面情况(粗糙度、润滑、湿度、温度等)有关,一般与接触面大小无关。静摩擦因数的大小可由实验测定,对于一般光滑表面,其数值可见表 2-1。

表 2-1　常用材料的滑动系数

	静摩擦系数		动摩擦系数	
	无润滑剂	有润滑剂	无润滑剂	有润滑剂
钢—钢	0.15	0.1~0.12	0.15	0.05~0.1
钢—铸铁	0.3		0.18	0.05~0.15
钢—青铜	0.15	0.1~0.15	0.15	0.1~0.15
皮革—铸铁	0.3~0.5	0.15	0.6	0.15
木材—木材	0.4~0.6	0.1	0.2~0.5	0.07~0.15

3. 动滑动摩擦力

继续上面的实验,当静摩擦力达到最大值 F_{max} 时,若拉力 F_T 再增大,物块就要向右加速滑动,这时在接触面之间,仍存在阻碍物块从静止开始滑动的摩擦力,称为动摩擦力,以 F' 表示。大量的实验证明,动摩擦力 F' 的大小与接触面正压力 F_N 的大小成正比,即

$$F' = f \times F_N$$

这就是动摩擦定律。式中比例常数称为动摩擦因数,数值可参考表 2-1。由此表中的数据可知,在一般情况下 $f < f_s$,这说明推动物体从静止开始滑动比较费力,但是滑动起来后,要维持物体继续滑动就比较省力了。

综合以上对滑动摩擦三种情况的讨论可知:考虑摩擦时,要分清物体是处于静止、临界或滑动三种情况中的哪一种,然后采取相应的方法计算摩擦力。

(1)物体静止时,静摩擦力 F 的大小满足 $0 \leqslant F \leqslant F_{max}$,其具体数值由静平衡条件决定。

(2)物体处于临界状态时,其最大静摩擦力 $F_{max} = f_s \times F_N$。

(3)物体滑动时,动摩擦力 $F' = f \times F_N$。

2.5.2　考虑摩擦时物体的平衡问题

考虑摩擦时的平衡问题与前面所述的平衡问题的解法原则上相同,均必须满足力系的平衡条件。新的问题是:分析物体受力情况时,必须考虑摩擦力。摩擦力总是沿着接触面的切线方向并与物体相对滑动或相对滑动趋势的方向相反。在受力图上摩擦力的方向应正确画出,不可任意假定。工程实际中有不少问题只需分析平衡状态,这时摩擦力达到最大值,可由 $F_{max} = f_s \times F_N$ 作为补充方程。有些问题虽不是临界问题,但也可先就临界状态进行计算,求得结果后再进一步分析。

【例 2-22】　将重量 $G = 400$ N 的物块放在斜面上,如图 2-38(a)所示,已知物块与斜面间的静摩擦系数 $f = 0.15$,斜面的倾角 $\alpha = 30°$。为保持物块平衡,在其上加一水平力 F_P,求该力的最大值和最小值。

【解】　若 F_P 太小,物块会下滑,如果太大,物块将沿斜面上滑。

(1)先求物块不会下滑的 F_{Pmin} 值。由于物块有下滑趋势,所以摩擦力 F 应沿斜面向上,物块的受力图如图 2-38(b)所示,选坐标轴并列平衡方程。

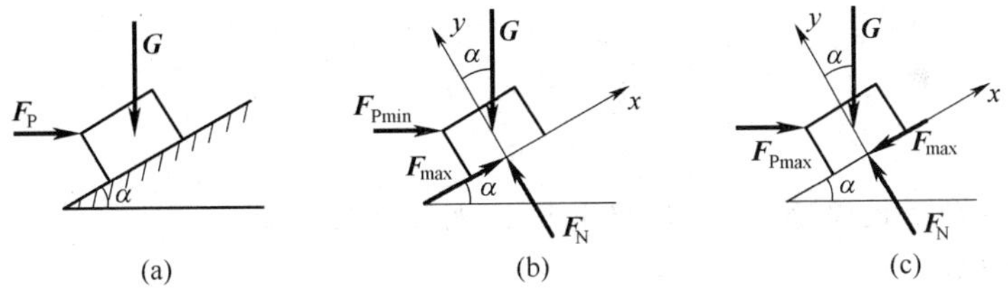

图　2-38

$$\sum F_x = 0, F_{Pmin}\cos\alpha + F_{max} - G\sin\alpha = 0 \tag{a}$$

$$\sum F_y = 0, -F_{Pmin}\sin\alpha + F_N - G\cos\alpha = 0 \tag{b}$$

有

$$F_{max} = f F_N \tag{c}$$

由式(b)及式(c)得

$$F_{max} = f(G\cos\alpha + F_{Pmin}\sin\alpha)$$

于是得

$$F_{Pmin} = \frac{\sin\alpha - f\cos\alpha}{\cos\alpha + f\sin\alpha}G = \frac{0.5 - 0.15 \times 0.866}{0.866 + 0.15 \times 0.5} \times 400 = 157.32(\text{N})$$

(2)再求使物块不致上滑的力,即 F_{Pmax} 值。此时摩擦力沿斜面向下并达到最大值,受力图如图 2-38(c)所示。列出其平衡方程。

$$\sum F_x = 0, F_{Pmax}\cos\alpha - F_{max} - G\sin\alpha = 0 \tag{a}$$

$$\sum F_y = 0, -F_{Pmax}\sin\alpha + F_N - G\cos\alpha = 0 \tag{b}$$

有
$$F_{max} = fF_N \tag{c}$$

由式(a)、(b)、(c)可解得

$$F_{Pmin} = \frac{\sin\alpha + f\cos\alpha}{\cos\alpha - f\sin\alpha}G = \frac{0.5 + 0.15 \times 0.866}{0.866 - 0.15 \times 0.5} \times 400 = 318.53(N)$$

由此可见,要保持物块的平衡,力 $\boldsymbol{F}_P$ 的大小应在以下范围内,即

$$157.32N \leqslant F_P \leqslant 318.53N$$

 ## 单元小结

一、平面汇交力系的平衡

1. 力在坐标轴上的投影

$$\begin{cases} F_x = ab = \pm F\cos\alpha \\ F_y = a_1b_1 = \pm F\sin\alpha \end{cases}$$

式中,α 为力 $\boldsymbol{F}$ 与投影轴 x 正向间的夹角。力在轴上的投影为代数量,当 α 为锐角时,投影为正值;当 α 为钝角时,投影为负值;当力与 x 坐标轴正向垂直(即 $\alpha = 90°$)时,力在 x 坐标轴上的投影等于零。

2. 平面汇交力系平衡的条件

(1)平面汇交力系平衡的必要且充分条件:平面汇交力系的合力为零,即

$$F_R = 0$$

(2)平面汇交力系平衡的解析条件:平面汇交力系中的各力在任意两个坐标轴上投影的代数和均为零,即

$$\begin{cases} \sum F_x = 0 \\ \sum F_y = 0 \end{cases}$$

通过以上两个独立的平衡方程,可解出两个独立的未知量。

二、力矩和力偶

1. 力矩等于力的大小 F 与力臂 d 的乘积。力矩是一个代数量,通常规定:力使物体绕矩心逆时针方向转动时,力矩为正;反之为负。力 $\boldsymbol{F}$ 对点 O 之矩以符号 $M_O(F)$ 表示。记为

$$M_O(F) = \pm F \cdot d$$

2. 合力矩定理:平面汇交力系的合力对平面内任意点之矩,等于力系中各分力对同一点力矩的代数和,即

$$M_O(F) = M_O(F_1) + M_O(F_2) + \cdots + M_O(F_n) = \sum M_O(F)$$

3. 力偶和力偶矩:一对等值、反向且不共线的平行力称为力偶。力偶对物体的转动效应由力偶矩(力的大小与力偶臂的乘积)来度量。用符号 $M(F, F')$ 或 M 表示,即

$$M(F, F') = M = \pm F \cdot d$$

4. 力偶对物体的转动效果取决于三要素,即力偶矩的大小、力偶的转向、力偶作用面的方位。

5. 力偶的基本性质

（1）力偶没有合力，即力偶不能用一个力来代替，也不能用一个力来平衡，只能用力偶来平衡。

（2）力偶对其作用面内任一点的矩恒等力偶矩，而与矩心的选择无关，即欲求力偶对其作用面内任意一点的矩时，计算出力偶中两个力分别对该点的力矩的代数和就等于力偶矩。

（3）在同一平面内的两力偶，如果力偶矩的代数值相等（即力偶矩大小相等，转向相同），则这两个力偶等效。这一性质叫做力偶的等效性。由此得到以下两个推论：

①力偶可在其作用面内任意移动或转动，而不改变它对物体的转动效应。即力偶对物体的转动效果与它在作用面内的位置无关。

②在保持力偶矩不变的情况下，可以同时改变力偶中力的大小和力偶臂的长短，而不改变它对物体的转动效果。

6. 平面力偶系的简化：平面力偶系的简化结果为一合力偶，合力偶矩等于各分力偶矩的代数和，即

$$M = M_1 + M_2 \cdots + M_n = \sum M$$

平面力偶系平衡的必要与充分条件是：所有力偶矩的代数和等于零，即

$$\sum M = 0$$

三、平面一般力系的平衡

1. 力的平移定理

若将作用在刚体某点的力平行移动到刚体上任意点而不改变原力的作用效果，则必须同时附加一个力偶，这个力偶的力偶矩等于原来的力对新作用点之矩。

2. 平面一般力系平衡的充分且必要条件是：力系中的所有各力在两个不同方向的 x、y 轴上投影的代数和都等于零；力系中的所有各力对力系所在平面内任意点的力矩的代数和等于零，即

$$\begin{cases} \sum F_x = 0 \\ \sum F_y = 0 \\ \sum M_O(F) = 0 \end{cases}$$

二矩式方程
$$\begin{cases} \sum F_x = 0 \\ \sum M_A(F) = 0 \\ \sum M_B(F) = 0 \end{cases}$$

上式的使用条件是 A、B 两点的连线不能与 $x(y)$ 轴垂直。

三矩式方程
$$\begin{cases} \sum M_A(F) = 0 \\ \sum M_B(F) = 0 \\ \sum M_C(F) = 0 \end{cases}$$

上式的使用条件是 A、B、C 三点不能共线。

3. 平面一般力系平衡问题的解题要点

（1）根据题目要求，选取适当的研究对象。

(2)正确分析研究对象所受的主动力和约束反力,画出受力图。

(3)选取坐标系,计算各力的投影;选取矩心,计算各力之矩。

(4)列平衡方程,列方程时,最好使一个方程中只有一个未知数,以避免解联立方程。

(5)由平衡方程求解未知量。计算的结果为正值,说明所受未知力的实际指向和假设方向相同,如为负值,说明所受未知力的实际指向与假设方向相反。

注意:恰当选取矩心的位置和坐标轴的方向,可使计算简化。矩心可选在两未知力的交点,坐标轴尽量与未知力垂直或与多数力平行。

四、简单系统的平衡问题

1. 建筑工程中,经常遇到几个物体通过一定的约束组成的系统,我们把它称为物体系统。

2. 当物体系统平衡时,组成物体系统的每个物体也处于平衡状态。因此,除了作用于物体系统的所有力组成平衡力系外,作用于每个物体上的所有力也组成平衡力系。对于每个物体可列出三个平衡方程,对于由 n 个物体组成的物体系统,则可列出 $3n$ 个独立方程,求解 $3n$ 个未知量。

五、考虑摩擦时的平衡问题

求解考虑摩擦时物体的平衡问题时,要注意摩擦力的方向总是与物体相对滑动趋势的关系相反,物体滑动趋势由主动力来确定。除列出平衡方程外,还要列出摩擦力关系式 $F_{max} = f F_N$。

 **习　　题**

2-1 填空题

(1)作用于物体上的各力作用线都在＿＿＿＿＿＿＿,而且＿＿＿＿＿＿＿的力系,称为平面汇交力系。

(2)受平面汇交力系作用而平衡的物体,则其各分力组成的力多边形＿＿＿＿＿＿＿合力等于＿＿＿＿＿＿＿。

(3)合力在任意一个坐标轴上的投影,等于＿＿＿＿＿＿在同一轴上投影的＿＿＿＿＿＿,称为合力投影定理。

(4)平面汇交力系平衡的解析条件为:力系中所有各力在两个坐标轴 x,y 上投影的＿＿＿＿＿＿。

(5)力在坐标轴上的投影是＿＿＿＿量,如投影的指向与坐标轴的正向一致时,投影为＿＿＿号;力与某坐标轴垂直时,力在该轴上的投影为＿＿＿＿,在另一个垂直坐标轴投影的绝对值与该力的大小＿＿＿＿。

(6)两个平衡方程可解＿＿＿＿未知量。若求得未知力为负值,表示该力的实际指向与受力图所示方向＿＿＿＿。

(7)力矩的大小等于＿＿＿＿和＿＿＿＿的乘积,通常规定力使物体绕矩心＿＿＿＿转动时力矩为负。力矩以符号＿＿＿＿表示,O 点称为＿＿＿＿,力矩的单位是＿＿＿＿。

(8)由合力矩定理可知,平面＿＿＿＿力系的＿＿＿＿对平面内任一点的矩,等于力系中＿＿＿＿对于该点力矩的＿＿＿＿。

(9)大小＿＿＿＿、方向＿＿＿＿、作用线＿＿＿＿的二力组成的力系,称为力偶。力偶中二力之间的距离称为＿＿＿＿。力偶所在的平面称为＿＿＿＿。

　　(10)在平面问题中,力偶对物体的作用效果以_____和_____的乘积来度量,这个乘积称为_____,以_____表示。

　　(11)力偶的主要特性有:力偶的二力在其作用面内任一坐标轴的投影的代数和_____,因而力偶_____;力偶不能用一个力来_____,也不能用一个力来_____,力偶只能用_____来平衡;力偶可以在其作用面内任意_____,只要力偶矩的和_____不变,力偶对物体的作用效果就不改变。

　　(12)作用在物体上的力的作用线都_____,并呈_____的力系,称为平面任意力系。

　　(13)欲使物体在平面任意力系作用下保持平衡状态,必须保证物体在各力作用下:①不能沿_____或_____发生移动;②对于力系所在平面内任意一点,物体不能发生_____。

　　(14)平面任意力系平衡方程中,两个投影式:_____和_____是保证物体不发生_____;一个力矩式_____是保证物体不发生_____。三个独立的方程,可以求解_____未知量。

　　(15)固定端约束既能阻止物体沿任何方向的_____,又能阻止物体在平面内的_____,因而这种约束必然产生两个方向未定的_____和一个_____。

　　(16)在求解物体系统的平衡问题时,最好先取_____为研究对象,再从物体系中选取_____的某些物体为研究对象,直到求出所有的未知量为止。

　　(17)平面力系中各力作用线_____的力系,称为平面平行力系。它是_____的特殊情况。

　　(18)平面平行力系有_____独立的方程,可以解出_____未知量。

2-2　选择题

(1)当力垂直于轴时,力在轴上的投影(　　　)。

　　A. 等于零　　　　　　B. 大于零　　　　　　C. 等于自身　　　　　　D. 小于零

(2)当力平行于轴时,力在轴上的投影(　　　)。

　　A. 等于零　　　　　　B. 大于零　　　　　　C. 等于自身　　　　　　D. 小于零

(3)当力 F 与 x 轴成60°角时,力在 x 轴上的投影为(　　　)。

　　A. 等于零　　　　　　B. 大于零　　　　　　C.(1/2)F　　　　　　D. 0.866F

(4)合力在任一轴上的投影,等于力系中各分力在同一轴上投影的(　　　)。

　　A. 代数和　　　　　　B. 矢量和　　　　　　C. 和　　　　　　D. 矢量差

(5)平面力系的合力对任一点的力矩,等于力系中各分力对同一点的力矩的(　　　)。

　　A. 代数和　　　　　　B. 矢量和　　　　　　C. 和　　　　　　D. 矢量差

(6)作用于刚体的力,可以平移到刚体上的任一点,但必须附加(　　　)。

　　A. 一个力　　　　　　B. 一个力偶　　　　　　C. 一对力　　　　　　D. 一对力偶

(7)作用于物体上同一点的两个力可以合成为(　　　)。

　　A. 一个力　　　　　　　　　　　　B. 一个力加一个力偶

　　C. 一个力偶　　　　　　　　　　　D. 一个力或一个力偶

(8)力在坐标轴上的投影说法正确的是(　　　)

　　A. 矢量　　　　　　　　　　　　　B. 标量

　　C. 有方向的几何量　　　　　　　　D. 有方向,有正负之分的量

(9)平面汇交力系合成的结果是(　　　)。

A. 一个合力　　　　B. 合力偶　　　　　　C. 合力矩　　　　　D. 结果不确定

(10)一个平面汇交力系在两相互垂直的两坐标轴上的投影分别为 3 和 4,力的单位是 kN,则该力系的合力是(　　　)kN。

A. 2　　　　　　　　B. 3　　　　　　　　　C. 4　　　　　　　　D. 5

(11)用解析法求解平面汇交力系的合力时,若采用的坐标系不同,则所求解的合力(　　　)。

A. 相同　　　　　　B. 不同　　　　　　　C. 无法确定　　　　D. 方向不同

(12)力矩的计算式为(　　　)。

A. $M(F)=Fd$　　B. $M_O(F)=Fd$　　C. $M_O(F)=\pm Fd$　　D. $M(F,F')=\pm Fd$

(13)力偶的计算式为(　　　)。

A. $M(F)=Fd$　　B. $M_O(F)=Fd$　　C. $M_O(F)=\pm Fd$　　D. $M(F,F')=\pm Fd$

(14)关于力矩,下面哪种说法是不正确的(　　　)。

A. 力矩的计算式为 $M(F)=\pm Fd$

B. 若力的作用线通过矩心,则力矩等于零

C. 力沿其作用线移动时,力矩不变

D. 力矩的值与矩心的位置有关

(15)关于力偶,下面哪种说法是不正确的(　　　)。

A. 力偶在任一轴上的投影均为零

B. 力偶可以被一个力平衡

C. 力偶对其作用面的任一点之矩恒等于力偶矩

D. 力偶无合力

(16)关于力偶,下面哪种说法是不正确的(　　　)。

A. 力偶在任一轴上的投影均为零

B. 力偶只能被力偶平衡

C. 力偶对刚体的转动效应取决于力偶矩的大小和作用面

D. 组成力偶的力的大小,力偶臂的长短可以任意改变

(17)若力 F 的作用线通过其矩心,则其力矩(　　　)。

A. 不为 0　　　　　　B. 等于 0　　　　　　C. 效应发生改变　　D. 使物体发生转动

(18)力偶的作用效果是使物体发生(　　　)。

A. 移动　　　　　　　B. 移动和转动　　　　C. 转动　　　　　　D. 不能确定

(19)平面力偶系合成的结果是(　　　)。

A. 一个力

C. 一个力加上一个力偶

B. 一个力偶

D. 一对力

(20)平面汇交力系的平衡方程是(　　　)。

A. $\sum M=0$

C. $\sum F_x=0,\sum F_y=0,\sum M_O=0$

B. $\sum F_x=0,\sum F_y=0$

D. $\sum F_y=0,\sum M_O=0$

(21)平面一般力系的平衡方程是(　　　)。

A. $\sum M=0$

C. $\sum F_x=0,\sum F_y=0,\sum M_O=0$

B. $\sum F_x=0,\sum F_y=0$

D. $\sum F_y=0,\sum M_O=0$

(22)平面平行力系的平衡方程是(　　　)。

A. $\sum M=0$

B. $\sum F_x=0,\sum F_y=0$

C. $\sum F_x=0,\sum F_y=0,\sum M_O=0$

D. $\sum F_y=0,\sum M_O=0$

(23)力偶的单位是(　　　)。

A. N　　　　　　　B. N·m　　　　　　　C. Pa　　　　　　　D. 无名数

(24)力矩的单位是(　　　)。

A. N　　　　　　　B. N·m　　　　　　　C. Pa　　　　　　　D. 无名数

(25)力矩的大小是力的大小与力臂的大小的乘积,力臂是(　　　)。

A. 矩心到力的作用线间的垂直距离

B. 矩心到力的作用线间的距离

C. 矩心到力的作用点的距离

D. 过矩心任意延长线到力作用线的长度

(26)力与力偶是(　　　)。

A. 可以平衡

B. 不能平衡

C. 在一定条件下平衡

D. 某些范围内平衡

(27)平面汇交力系的特征是(　　　)。

A. 各力作用线在平面内相互平行

B. 各力作用线在平面内汇交于一点

C. 各力作用线在平面内任意分布

D. 各力构成力偶

(28)关于力矩,下面那些说法是正确的(　　　)。

A. 力矩的计算式为 $M(F)=Fd$

B. 若力的作用线通过矩心,则力矩等于零

C. 力沿其作用线移动时,力矩不变

D. 力矩的单位是 N·m

(29)关于力偶,下面那些说法是正确的(　　　)。

A. 力偶在任一轴上的投影均为零

B. 力偶可以被一个力平衡

C. 力偶无合力

D. 力偶的单位是 N

(30)关于力偶,下面那些说法是正确的(　　　)。

A. 力偶可以合成为一个合力

B. 力偶对其平面内任一点之矩等于力偶矩,而与矩心位置无关

C. 力偶只能与力偶平衡

D. 力偶在任一轴上的投影等于 0

(31)下面(　　　)都是平面一般力系的平衡方程。

A. $\sum M_A=0,\sum M_B=0,\sum M_C=0$

B. $\sum M_A=0,\sum M_B=0,\sum F_x=0$

C. $\sum F_x=0,\sum F_y=0,\sum M_O=0$

D. $\sum F_x=0,\sum M_O=0$

2-3　图示为一个固定圆环受三根绳子的拉力,已知 $F_{T1}=50$ N, $F_{T2}=80$ N, $F_{T3}=100$ N,拉力的方向如图所示。试用几何法求这三根绳子作用在圆环上的合力。

2-4 已知 $F_1=100$ N、$F_2=200$ N、$F_3=200$ N、$F_4=300$ N,用几何法求图中平面汇交力系的合力。

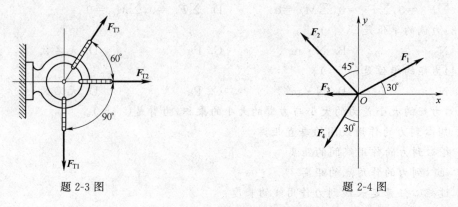

题 2-3 图 题 2-4 图

2-5 起吊双曲拱桥的拱筋时,在图示位置成平衡状态,用几何法求钢索 *AB* 和 *AC* 的拉力。

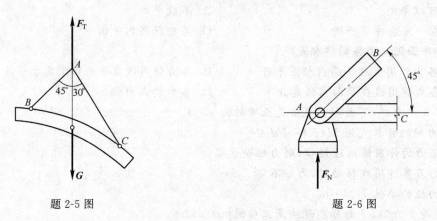

题 2-5 图 题 2-6 图

2-6 图示为某一个屋架的左端结点 A。已知该端的支座反力 $F_N=90$ kN,并设上弦杆 AB 和下弦杆 AC 所受的力都是沿其杆轴线,用几何法求这两个力。

2-7 已知 $F_1=100$ N、$F_2=60$ N、$F_3=160$ N、$F_4=120$ N,各力方向如图所示。试分别求出各力在 x 轴和 y 轴的投影。

2-8 如图所示,刚体在同一平面内受四个汇交于一点的力作用,已知 $F_1=30$ N、$F_2=30$ N、$F_3=25$ N、$F_4=20$ N。试用几何法、解析法分别求出合力的大小和方向,并比较两种合成方法的特点。

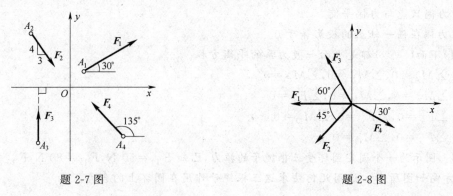

题 2-7 图 题 2-8 图

2-9　用解析法计算题 2-3。

2-10　用解析法计算题 2-4。

2-11　支架由杆 AB、AC 构成，A、B、C 三处都是铰链，在 A 点悬挂重量为 G 的重物，求图示三种情况下，杆 AB、AC 所受的力。各杆的自重不计。

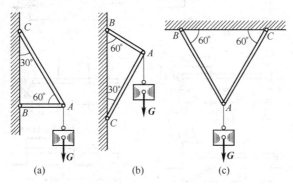

题 2-11 图

2-12　图示为用一组绳索挂一重 $G=1$ kN 的重物，求各绳索的拉力。

2-13　计算下列各图中力 F_P 对 O 点之矩。

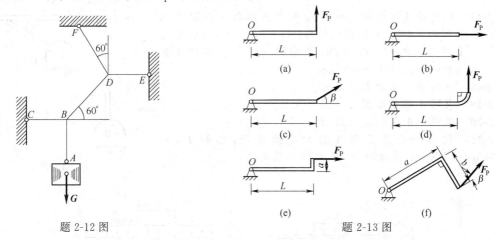

题 2-12 图　　　　　　　　　　题 2-13 图

2-14　一个 400 N 的力作用在 A 点，方向如图所示。求此力对图中 O 点和 B 点的力矩。

2-15　已知 $F_1=F'_1=80$ N，$F_2=F'_2=130$ N，$F_3=F'_3=100$ N，$d_1=70$ mm，$d_2=60$ mm，$d_3=50$ mm。求图中三个力偶的合力偶矩。

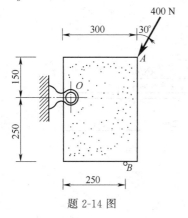

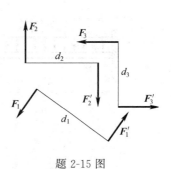

题 2-14 图　　　　　　　　　　题 2-15 图

2-16　求图示中各梁的支座反力。

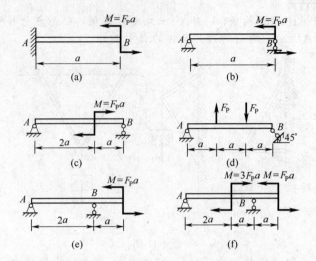

题 2-16 图

2-17　铰接四连杆机构 $ABCD$ 受两个力偶作用在图示位置平衡。设作用在杆 CD 上力偶的矩 $M_1=10$ N·m，求作用在杆 AB 上的力偶矩 M_2 及杆 BC 所受的力 $\boldsymbol{F}_{BC}$。各杆自重不计，$CD=400$ mm，$AB=600$ mm。

2-18　求图示各梁的支座反力。

2-19　求图示悬臂梁固定端的约束反力。

2-20　求图示刚架的支座反力。

2-21　图示一个三角形支架的受力情况，已知 $F_P=10$ kN，$q=2$ kN/m，求铰链 A、B 处的约束反力。

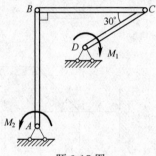

题 2-17 图

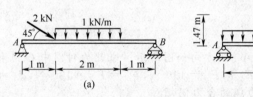

题 2-18 图

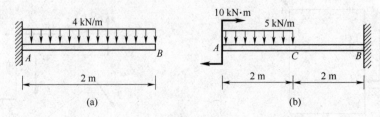

题 2-19 图

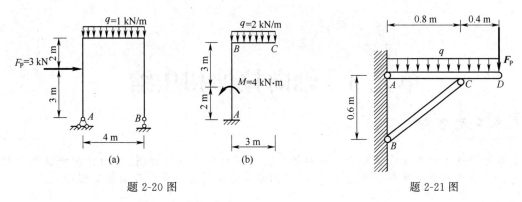

题 2-20 图   题 2-21 图

2-22 求图示多跨梁的支座反力。

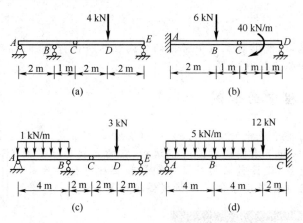

题 2-22 图

2-23 两物块 A 和 B 相叠放在水平面上,已知:A 块重 500 N,B 块重 200 N。A 块与 B 块间的静摩擦系数为 $f_1 = 0.25$,B 块与水平面间的静摩擦系数为 $f_2 = 0.20$。在图示(a)、(b) 两种情况下,拉动 B 块的最小力 F_P 的大小。

2-24 如图所示重为 200 N 的梯子靠在墙上,梯子长为 L,与水平面的夹角 $\alpha = 60°$,各接触面间的静摩擦系数均为 0.3。今有一个重 600 N 的工人沿梯子上爬,求工人所能到达的最高点 C 与 A 点的距离。

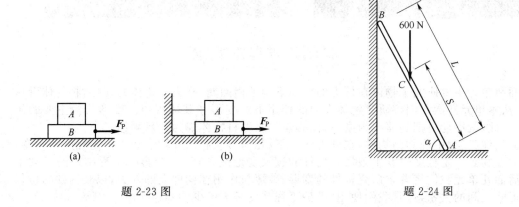

题 2-23 图   题 2-24 图

单元3 轴向拉伸和压缩

本单元要点

本单元讲述用截面法计算轴向拉压杆横截面的轴力并绘制轴力图;轴向拉压杆横截面的正应力计算及其强度条件和强度条件的应用;用胡克定律计算轴向拉压杆的变形。

学习目标

通过本单元的学习,能够对工程中常见的轴向拉压杆进行分析;应用轴向拉压杆的强度条件解决工程中杆件的强度校核问题。

生活及工程中的实例

如下左图所示为桥梁底模的支撑结构,由钢管脚手架组成,该结构承受上部梁体重量和施工时的施工荷载作用;如下右图所示为一钢结构,它的立柱受到横梁传递给它的力,使之受压,要保持其结构的安全性,设计时必须对下部钢管和立柱进行强度验算。本单元将对钢管和立柱所受的轴向力及验证其强度条件的分析提供理论基础。

3.1 材料力学基本概念

前面两单元主要研究了物体在外力的作用下的平衡问题,略去了物体的变形,将物体看作是刚体,从本单元开始我们将研究物体在力的作用下的变形和破坏规律。变形成为主要的研究内容,因此,就不能再把物体视为刚体,而必须如实地将物体视为变形固体。

任何物体(工程中统称为构件)在外力作用下,几何形状和尺寸均会产生一定程度的改变,并在外力增加到一定程度时发生破坏。构件的过大变形或破坏,均会影响工程结构的正常工作。在后面几单元我们将着重研究构件的变形、破坏与作用在构件上的外力,以及构件的材料与构件形式之间的关系,这是我们使用、维护工程结构必不可少的知识。

3.1.1　构件的承载能力

为了保证工程结构在荷载作用下的正常工作,要求每一个构件均应有足够的承载能力,简称为承载能力。构件的承载能力必须满足以下三个方面的要求:

1. 强度要求

所谓强度就是指构件抵抗破坏的能力。如果构件在受到外力的作用下,它的变形在允许范围内,我们就认为构件满足了强度要求。

2. 刚度要求

所谓刚度就是指构件抵抗变形的能力。如果构件在受到外力的作用下,它的变形在允许范围内,我们就认为构件满足了刚度要求。

3. 稳定性要求

所谓稳定性就是指构件在工作时能保持其原有的平衡状态的能力。有些受压的细长直杆,压力太大或杆件太细长时,会突然弯曲,这种现象称为直杆丧失而失稳。因此,对这些构件因要求具有维持其原有平衡形式的能力,即具有足够的稳定性,以保证在规定的使用条件下不致失稳而破坏。

综上所述,为了保证构件安全可靠的工作,构件必须具有足够的承载能力,即具有足够的强度、刚度和稳定性,这是保证构件安全工作的三个基本要求。

3.1.2　材料力学的任务

构件的强度、刚度和稳定性表述的是构件荷载与构件的材料和结构的相对关系。同一构件,伴随着荷载的变化,其合格性也可能变化。同一荷载下,有的构件合格,有的则不合格。理论上满足设计承载能力的方案是无数的,因为人们总可以通过选用优良材料、加大结构尺寸来保证构件安全。但是这样又能使构件的承载能力不能充分发挥,造成浪费,结构笨重,成本增加,带来不良的经济效果。可见,安全与经济之间是存在矛盾的。材料力学就是解决这一矛盾的一门科学。材料力学的任务是:

(1)研究构件在外力作用下所产生的内力、变形的规律。

(2)建立满足强度、刚度、稳定性要求的条件下,为既安全又经济地选用合理的材料,以及确定合理的截面形状和尺寸提供科学计算方法。

构件的强度、刚度和稳定性与使用材料的力学性能有关,而材料力学性能需要通过实验来测定。同时,材料力学基本理论的建立也是以实验为基础的,其基本计算方法和公式也需要经过实验来加以验证,以确定其准确程度和适应性。此外,工程上还存在着靠理论分析难以解决的复杂问题,也需要依靠实验来解决。因此,材料力学是一门理论和实验并重的科学,应密切注意理论与实践的结合,这是学好材料力学的基础。

3.1.3　杆件的概念

构件的形状可以是各式各样的。材料力学主要研究对象是杆件。所谓杆件,是指长度远大于其他方向尺寸的构件(图 3-1)。如房屋中的梁、柱以及桥梁的桥墩等。

杆件的形状和尺寸可由杆的横截面的轴线两个主要元素来描述。横截面是指与杆长方向垂直的截面,而轴线是与

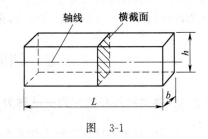

图　3-1

横截面的形心的连线。横截面与杆轴线是相互垂直的。

材料力学主要研究的杆件为直杆,即轴线为直线。而各横截面相同的杆件称为等直杆。

3.1.4　杆件变形的基本形式

杆件在不同形式的外力作用下,将发生不同形式的变形。杆件变形的基本形式有下列四种:

1. 轴向拉伸或压缩

在一对大小相等、方向相反、作用线与杆轴线重合的外力作用下,杆件的长度将发生改变,即伸长或缩短,如图 3-2(a)、(b)所示。

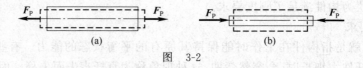

图　3-2

2. 剪切

在一对相距很近、大小相等、方向相反、作用线垂直于杆轴线的外力(称横向力)作用下,杆件的横截面将沿外力方向发生错动,如图 3-3 所示。

3. 扭转

在一对大小相等、转向相反、位于垂直于杆轴线的两平面内的力偶作用下,杆件的任意两横截面将发生相对转动,如图 3-4 所示。

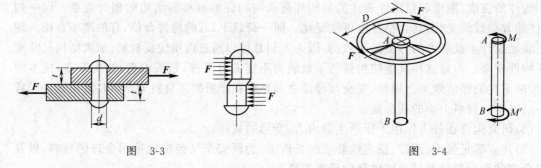

图　3-3　　　　　　　　　　　　　图　3-4

4. 弯曲

当杆件受到通过杆轴线平面内的力偶作用,或受到垂直于杆轴线的横向力作用时,杆件的轴线将由直线变成曲线,如图 3-5 所示。

工程实际中的杆件,可能同时承受各种外力而发生复杂的变形,有时可能只是产生一种变形,有时可能要同时产生两种或两种以上的基本变形,我们把这种有两种或两种以上基本变形的组合,称为组合变形。

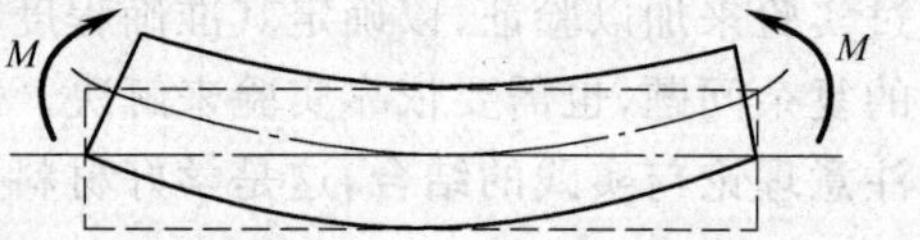

图　3-5

3.2　轴向拉压杆横截面上的内力

3.2.1　轴向拉压杆的内力——轴力

工程中有很多杆件受轴力作用而产生拉伸或压缩变形。例如图 3-6(a)中的三角架,杆 AB

受拉,杆 *CB* 受压,图 3-6(b)中的立柱则是轴向压缩的实例。这些杆件受力的特点是:直杆两端沿杆轴线方向作用一对大小相等,方向相反的力;这类杆件变形的特点是:在外力作用下产生沿杆轴线方向的伸长或缩短。当作用力背离杆件时,作用力是拉力,杆件产生拉伸变形,叫做轴向拉伸[图 3-7(a)];当作用力指向杆端时,作用力是压力,杆件产生压缩变形,叫做轴向压缩[图 3-7(b)]。

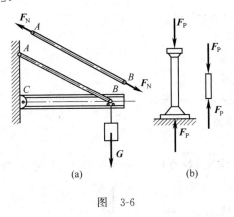

图　3-6

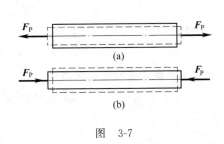

图　3-7

设一直杆受到一对轴向拉力 F_P 的作用[图 3-8(a)],为了求杆件内截面 m 上的内力,假设在横截面 m 处将杆件切成左、右两部分,取左边部分为研究对象,如图 3-8(b)所示,为了使这部分杆件保持原有的平衡状态,在被切开的截面 m 上,加上内力 F_N。这个内力 F_N 就是右部分对左部分的作用力,叫做轴力。由于直杆整体是平衡的,左部分也必须是平衡,对这部分建立平衡方程

$$\sum F_x = 0 \qquad F_N - F_P = 0$$

得
$$F_N = F_P$$

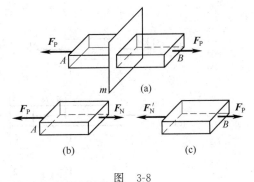

图　3-8

轴力 F_N 作用线与杆轴线重合,即轴力垂直于横截面并通过截面的形心。

根据作用与反作用公理,在右部分的截面 m 上,如图 3-8(c)所示,左部分对右部分必须作用有大小相反、方向相反的内力,其值也等于 F_N。

不难看出,取其中任一部分为研究对象,都可以得到相同的结果:即截面 m 上的内力是轴力,其大小等于 F_P。截面 m 左右的内力 F_N 与 F'_N 指向相反,这正符合作用力与反作用力的关系。

轴力的正负号是根据杆件的变形情况规定的:当杆件受拉时,轴力 F_N 或 F'_N 背离横截面,轴力为正号,反之为负号。

轴力的单位为牛顿(N)或千牛顿(kN)。

3.2.2　轴　力　图

为了表明杆件各截面上的轴力沿轴线的变化情况,用平行于杆轴线的坐标表示横截面的位置,以垂直于杆轴线的坐标 F_N 表示轴力的数值,将各截面的轴力按一定的比例画在坐标图上,并把正轴力画在 x 轴的上方,负轴力画在 x 轴的下方,所绘出的图形叫做轴力图。

【例 3-1】 杆件受力如图 3-9(a)所示，试作出该杆的轴力图。

【解】 （1）用截面法计算杆件各段的轴力，取 x 轴水平向右为正，各分离体如图 3-9(b) 所示。

AB 段：
$$\sum F_x = 0, \qquad F_{N1} - 1 = 0$$
$$F_{N1} = 1 \text{ kN（拉力）}$$

BC 段：
$$\sum F_x = 0 \qquad F_{N2} - 4 - 1 = 0$$
$$F_{N2} = 5 \text{ kN（拉力）}$$

CD 段：
$$\sum F_x = 0 \qquad F_{N3} + 6 - 4 - 1 = 0$$
$$F_{N3} = -1 \text{ kN（压力）}$$

DE 段：
$$\sum F_x = 0 \qquad F_{N4} - 2 + 6 - 4 - 1 = 0$$
$$F_{N4} = 1 \text{ kN（拉力）}$$

如果先求出右边的支座反力
$$F_{xE} = 1 + 4 - 6 + 2 = 1 \text{(kN)（拉力）}$$

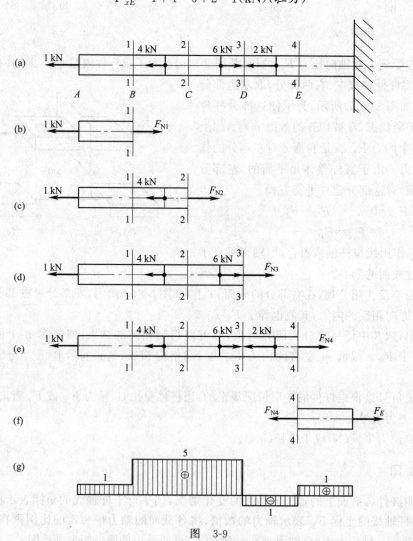

图　3-9

则可取右端一段为研究对象求解,例如,求 DE 段的轴力 F_{N4}

$$\sum F_x = 0 \qquad F_{N4} - F_{xE} = 0$$

$$F_{N4} = F_{xE} = 1(\text{kN})(拉力)$$

(2)作杆件的轴力图,如图 3-9(g)所示。

如果我们是从左自右作的轴力图,从以上的例题中,就不难发现该图有以下这些规律,在有集中荷载作用的截面处,轴力图就产生了突变,其突变值的大小等于该截面处集中荷载的大小;突变的方向为:力的方向若指向左,图形就向上突变;力的方向若指向右,图形就向下突变。

练一练:杆件受力如图 3-10 所示,试作该杆的轴力图。

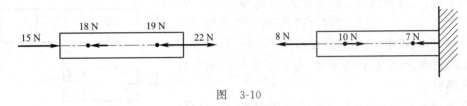

图 3-10

3.3 轴向拉(压)杆的正应力

3.3.1 应力的概念

内力是构件内部某截面上相连两部分之间的相互作用力,是该截面上连续分布内力的合成结果,构件的失效或破坏,不仅与截面上的总内力有关,而且与截面上内力分布的密集程度有关。截面上内力分布的密集程度简称集度。

设在受力构件的 m-m 截面上,围绕 K 点取微面积 ΔA[图 3-11(a)],并设作用在该面积上的微内力 ΔF_P,当微面积 ΔA 趋于无穷小时,则 ΔF_P 与 ΔA 的比值趋于一个极限值,这一极限值称为截面上一点处的应力。应力实际上是内力在截面上某一点处的集度,用 p 表示,即

$$p = \frac{\Delta F_P}{\Delta A} \qquad (\Delta A \to 0) \tag{3-1}$$

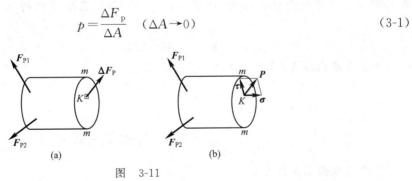

图 3-11

通常将应力分解成垂直于截面的法向分量 σ 和与截面平行的切向分量 τ[图 3-11(b)]。σ 称为 K 点处的正应力,τ 称为 K 点处的切应力。应力与一点处的微面积相乘,就等于作用在微面积上的内力。

在国际单位制中应力的单位是帕斯卡(Pa),简称帕。

$$1\ \mathrm{Pa} = 1\ \mathrm{N/m^2}$$

工程中常用兆帕（MPa）

$$1\ \mathrm{MPa} = 10^6\ \mathrm{Pa} = 10^6\ \mathrm{N/m^2} = 1\ \mathrm{N/mm^2}$$

3.3.2　轴向拉（压）杆横截面上的正应力

取一橡胶制成的等直杆，在杆的表面均匀地画上若干与轴线平行的纵线及与轴线垂直的横线[图 3-12(a)]，使杆的表面形成许多大小相同的方格。然后在两端施加一对轴向拉力 F_P[图 3-12(b)]，可以观察到，所有的小方格都变成了长方格，所有纵线都伸长了，但仍互相平行，所有横线仍保持为直线，且仍垂直于杆轴，只是相对距离增大了。可以设想：直杆是由一束纵向纤维组成的，在变形过程中，各纵向纤维的伸长均相等，且变形前为平面的截面，变形后仍为平面，这就是所谓的轴向拉（压）的平面假设。

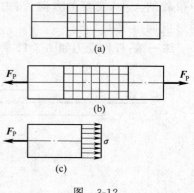

图　3-12

根据平面假设，横截面上各点的变形相同，受力也相同，因此，可以说横截面上各点的内力是均匀分布的，且方向垂直于横截面。即应力在横截面上是均匀分布。若用 A 表示杆件横截面面积，F_N 表示该截面的轴力，则轴向拉杆横截面上的应力 σ 计算公式为

$$\sigma = \frac{F_\mathrm{N}}{A} \qquad (3\text{-}2)$$

这种垂直于横截面的应力叫做正应力[图 3-12(c)]。

式(3-2)也适用轴向压缩的杆件的正应力计算。正应力的正负号规定为：拉应力为正，压应力为负。

【例 3-2】　一横截面为正方形的砖柱分上下两段，所受之力为轴向力，各段长度及横截面尺寸如图 3-13(a)所示。已知 $F_\mathrm{P} = 50\ \mathrm{kN}$，试求荷载引起的最大工作应力。

【解】　(1)画轴力图上段轴力等于截面以上外力代数和（保留上部），因 F_P 力与截面外法相同，故 $F_{\mathrm{N1}} = -50\ \mathrm{kN}$。同理可以得下段轴力。

$$F_{\mathrm{N\,II}} = -3F_\mathrm{P} = -150(\mathrm{kN})$$

于是可画出轴力图[图 3-13(b)]。

(2)求各段应力

上段横截面上的正应力为

$$\sigma_\mathrm{I} = \frac{F_{\mathrm{N\,I}}}{A_\mathrm{I}} = \frac{-100 \times 10^3}{240 \times 240} = -1.74(\mathrm{MPa})\ (\text{压应力})$$

下段横截面上正应力为

$$\sigma_\mathrm{II} = \frac{F_{\mathrm{N\,II}}}{A_\mathrm{II}} = \frac{-300 \times 10^3}{370 \times 370} = -2.19(\mathrm{MPa})\ (\text{压应力})$$

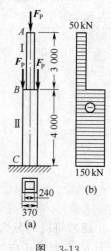

图　3-13

从计算结果可知，砖柱的最大工作应力在下段，其值为 2.19 MPa，是压应力。

【例 3-3】 如图 3-14(a)所示结构,已知 $q=5$ kN/m,$L=4$ m,BC 杆为圆截面钢杆,直径 $d=12$ mm。试求 BC 杆横截面上的正应力。

【解】 (1)计算出 BC 杆的轴力。

从图 3-14(a)中可知,BC 杆为二力杆,因此以 AB 杆为研究对象,作受力图[图 3-14(b)]。
列平衡方程

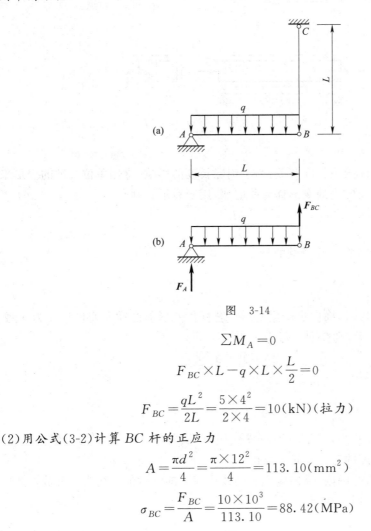

图   3-14

$$\sum M_A = 0$$

$$F_{BC} \times L - q \times L \times \frac{L}{2} = 0$$

$$F_{BC} = \frac{qL^2}{2L} = \frac{5 \times 4^2}{2 \times 4} = 10 (\text{kN})(\text{拉力})$$

(2)用公式(3-2)计算 BC 杆的正应力

$$A = \frac{\pi d^2}{4} = \frac{\pi \times 12^2}{4} = 113.10 (\text{mm}^2)$$

$$\sigma_{BC} = \frac{F_{BC}}{A} = \frac{10 \times 10^3}{113.10} = 88.42 (\text{MPa})$$

3.4 轴向拉(压)杆的变形 · 胡克定律

杆件在轴向拉伸时,通过测量可发现轴向尺寸伸长和横向尺寸缩短的变形情况。杆件在轴向压缩时,则出现轴向尺寸缩短和横向尺寸增大的变形情况,如图 3-15 所示。

3.4.1 纵向变形

杆件在轴向力作用下,其长度发生变化,杆件长度的改变量叫做纵向变形,用 ΔL 表示。
设杆件变形前长度为 L,变形后长度为 L_1,则杆件的纵向变形为

$$\Delta L = L_1 - L \qquad (3\text{-}3)$$

拉伸时纵向变形为正,压缩时纵向变形为负。纵向变形 ΔL 的单位是毫米(mm)。

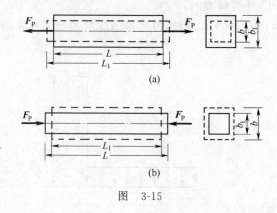

图　3-15

纵向变形的大小与杆件的原长度有关,为了消除长度的影响,常用单位长度的变形来度量杆的变形程度。这种单位长度上的变形称为线应变,用 ε 表示。则

$$\varepsilon = \frac{\Delta L}{L} \qquad (3\text{-}4)$$

ε 的正负号与 ΔL 一致,它是无量纲的量。

3.4.2　横向变形

拉(压)杆产生纵向变形时,横向也产生变形。若杆件变形前的横向变形尺寸为 b、变形后为 b_1,如图 3-15(a)、(b)所示,则横向变形为

$$\Delta b = b_1 - b$$

横向线应变 ε' 为

$$\varepsilon' = \frac{\Delta b}{b} \qquad (3\text{-}5)$$

杆件受拉时,横向尺寸减小,ε' 为负值;杆件受压时,横向尺寸增大,ε' 为正值。因此,轴向拉压杆的线应变与横向应变的符号总是相反的。

实验证明,在弹性受力范围内,横向应变 ε' 与线应变 ε 的绝对值之比为一常数。此比值称为横向应变系数或泊松比,用 μ 表示。

$$\mu = \left| \frac{\varepsilon'}{\varepsilon} \right| \qquad (3\text{-}6)$$

μ 是无单位的量,各种杆料的 μ 值可由实验测定。

3.4.3　胡克定律

实验证明,当杆在轴向拉、压时,其杆的应力未超过一限度时,即杆件为弹性变形的情况,纵向变形 ΔL 与外力 F_P、杆长 L 及横截面的面积 A 之间存在如下的比例关系:

$$\Delta L \propto \frac{F_P \cdot L}{A}$$

引进比例系数 E 得到

$$\Delta L = \frac{F_P \cdot L}{EA} \tag{3-7}$$

在内力不变的杆中，$F_N = F_P$，可将上式改写为用内力表达的形式

$$\Delta L = \frac{F_N \cdot L}{EA} \tag{3-8}$$

式(3-8)称为胡克定律。胡克定律表明当杆件应力不超过某一限度时，其纵向变形与轴力及杆长成正比，与横截面的面积成反比。

比例系数 E 称为杆料的弹性模量，各种材料的 E 值由试验测定。由式(3-8)可知，弹性模量越大，变形越小，所以 E 表示材料抵抗拉伸压缩变形的能力。弹性模量的单位与应力的单位相同。EA 叫做杆件的抗拉(压)刚度，它反映了杆件抵抗拉伸(压缩)变形的能力。EA 越大，杆件的变形就越小。

将 $\frac{\Delta L}{L} = \varepsilon$ 及 $\frac{F_N}{A} = \sigma$ 代入式(3-8)可得

$$\sigma = E \cdot \varepsilon \tag{3-9}$$

式(3-9)是胡克定律的又一表达形式，它表明在应力不超过一限度时应力与应变成正比。

表 3-1 常用材料的弹性模量 E

材料名称	E(GPa)	材料名称	E(GPa)
低碳钢	196~216	铝合金	70
合金钢	186~216	混凝土	14.6~36
灰铸铁	78.5~157	木材(顺纹)	10~12
铜合金	72.6~128		

【例 3-4】 如图 3-16(a)所示为一阶梯形钢杆，AC 段的截面积为 $A_{AB} = A_{BC} = 500 \text{ mm}^2$，$CD$ 段的截面积为 $A_{CD} = 200 \text{ mm}^2$。杆的各段长度及受力情况如图所示。已知钢杆的弹性模量 $E = 200 \times 10^3 \text{ MPa}$。试求：(1)各段杆的截面上的内力和应力；(2)杆的总变形。

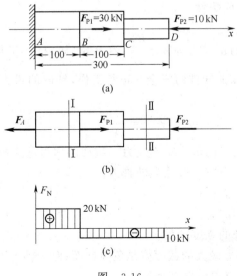

图 3-16

【解】 (1)画杆的受力图[图 3-16(b)]由整个杆的平衡求出反力 F_A

$$\sum F_x = 0, \quad -F_A + F_{P1} - F_{P2} = 0$$

$$F_A = 20 \text{ kN}$$

(2)求各段杆截面上的内力

AB 段：$\qquad\qquad F_{N\text{I}} = F_A = 20 \text{ kN}(受拉)$

BC 段与 CD 段：$\qquad F_{N\text{II}} = F_A - F_{P\text{I}} = -10 \text{ kN}(受压)$

(3)画轴力图[图 3-11(c)]

(4)计算各段应力

AB 段：$\qquad\qquad \sigma_{AB} = \dfrac{F_{N\text{I}}}{A_{AB}} = \dfrac{20 \times 10^3}{500} = 40(\text{MPa})(拉应力)$

BC 段：$\qquad\qquad \sigma_{BC} = \dfrac{F_{N\text{I}}}{A_{BC}} = \dfrac{-10 \times 10^3}{500} = -20(\text{MPa})(压应力)$

CD 段：$\qquad\qquad \sigma_{CD} = \dfrac{F_{N\text{II}}}{A_{CD}} = \dfrac{-10 \times 10^3}{200} = -50(\text{MPa})(压应力)$

(5)计算杆的总变形

全杆总变形 ΔL_{AD} 等于各段变形的代数和，即

$$\Delta L_{AD} = \Delta L_{AB} + \Delta L_{BC} + \Delta L_{CD} = \frac{F_{N\text{I}} L_{AB}}{EA_{AB}} + \frac{F_{N\text{II}} L_{BC}}{EA_{BC}} + \frac{F_{N\text{II}} L_{CD}}{EA_{CD}}$$

代入有关数据，要考虑它们的单位和符号

得 $\qquad \Delta L_{AD} = \dfrac{1}{200 \times 10^3}\left[\dfrac{20 \times 10^3 \times 100}{500} - \dfrac{10 \times 10^3 \times 100}{500} - \dfrac{10 \times 10^3 \times 100}{200}\right]$

$$= -0.015(\text{mm})$$

计算结果为负，说明整个杆件是缩短。

3.5　轴向拉(压)杆的强度计算

3.5.1　轴向拉(压)杆的强度条件

拉(压)杆件横截面上的正应力为 $\sigma = \dfrac{F_N}{A}$，这是拉(压)杆件工作时由荷载所引起的应力，故又称为工作应力。为了保证杆件的安全并正常工作，杆内的最大工作应力不得超过材料的许用应力，即

$$\sigma_{\max} = \frac{F_N}{A} \leqslant [\sigma] \qquad\qquad (3\text{-}10)$$

式中　$\sigma_{\max}$——杆内横截面上的最大工作应力。该截面称为危险截面；

$\quad\ F_N$——产生最大工作应力截面上的轴力；

$\quad\ A$——危险截面的面积；

$\quad\ [\sigma]$——材料的许用应力。

式(3-10)称为拉(压)杆的强度条件。

对于等直杆件来说，轴力最大的截面就是危险截面；对于轴力不变而杆截面发生变化的杆件，则截面面积最小的地方就是危险截面。

3.5.2　轴向拉(压)杆的强度计算

根据强度条件式(3-10)可以解决工程实际中有关杆件强度的三类问题：

1. 强度校核

已知：杆件的材料，即许用应力 $[\sigma]$，横截面面积 A，以及所受到的荷载，应用式(3-10)求出杆件的最大正应力，然后再与材料的许用应力进行比较，确定杆件是否满足强度要求。

【例 3-5】　一钢制阶梯截面直杆受力情况如图 3-17(a)所示。已知材料的许用应力 $[\sigma]=140$ MPa，$A_1=400$ mm^2，$A_2=150$ mm^2。试校核该直杆的强度。

【解】　(1)确定该变阶梯截面直杆各段的轴力，作杆的轴力图[图 3-17(b)]。

AB 段：
$$F_{AB}=50 \text{ kN}$$
BC 段：
$$F_{BC}=-30 \text{ kN}$$

(2)计算杆件各段的工作应力，并进行强度校核。

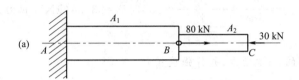

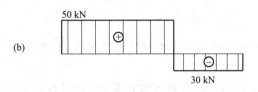

图　3-17

AB 段：
$$\sigma_{AB}=\frac{F_{AB}}{A_1}=\frac{50\times10^3}{400}=125(\text{MPa})<[\sigma]$$

BC 段：
$$\sigma_{BC}=\frac{F_{BC}}{A_2}=\frac{30\times10^3}{150}=200(\text{MPa})>[\sigma]$$

根据计算结果，可以看出该直杆的 BC 段不能满足强度条件，因此，整个杆件也就不满足强度要求。

【例 3-6】　如图 3-18(a)所示为一起重支架，小车可在 AC 梁上移动，荷载 F 通过小车对 AC 梁的作用可简化为一集中力，$F=15$ kN，斜杆 AB 为直径 $d=18$ mm 的圆截面杆，其许用应力 $[\sigma]=170$ MPa。试校核斜杆 AB 的强度。

【解】　(1)计算斜杆 AB 的最大轴力。

要使斜杆 AB 产生最大的轴力，只有小车移动到 AC 梁的 A 点时，它才会产生最大的轴力。因此，就以小车在 A 点时，梁 AC 为研究对象，画梁 AC 的受力图[图 3-18(b)]。

根据受力图，列平衡方程
$$\sum M_C=0$$
$$F\times2-F_{AB}\sin\alpha\times2=0$$

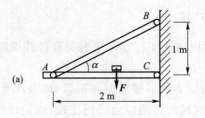

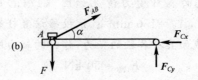

图 3-18

$$F_{AB}=\frac{F}{\sin\alpha}=\frac{F}{\dfrac{1}{\sqrt{2^2+1^2}}}=15\times\sqrt{5}=33.54\text{(kN)}\text{(拉力)}$$

(2)计算斜杆 AB 的工作应力,并作强度校核

$$\sigma=\frac{F_{AB}}{A}=\frac{33.54\times10^3\,\text{N}}{\dfrac{\pi\times18^2}{4}\,\text{mm}^2}=131.8\ \text{MPa}<[\sigma]=170\ \text{MPa}$$

根据计算结果,可知斜杆的工作应力小于材料的许用应力,所以此杆满足强度要求。

2. 设计截面

已知:杆件的材料,即许用应力$[\sigma]$和所承受的荷载,则杆件所需的横截面面积 A 可用强度条件进行计算,即

$$A\geqslant\frac{F_N}{[\sigma]}$$

由计算出的截面面积,再根据截面的几何形状求出相应的具体尺寸。

【例 3-7】 如图 3-19(a)所示为一木构架,在 D 点承受集中荷载 $F_P=10$ kN。已知斜杆 AB 为正方形截面的木杆,材料的许用应力$[\sigma]=6$ MPa。求斜杆 AB 的截面尺寸。

【解】 因为 A、B 处均为铰链,斜杆 AB 为二力杆。因此取结构中的 CD 杆为研究对象[图 3-19(b)]。

(1)计算 AB 杆轴向力

由平衡方程

$$\sum M_C=0,$$
$$-F_P\times2-F_N\times1\times\sin45°=0$$

得

$$F_N=-\frac{2F_P}{\sin45°}=-\frac{2\times10}{\sin45°}=-28.3\text{(kN)}\text{(压力)}$$

(2)确定截面尺寸

按强度条件,斜杆 AB 的截面面积为 $A\geqslant\dfrac{F_N}{[\sigma]}=\dfrac{28.3\times10^3}{6}=4\ 720\text{(mm}^2\text{)}$

故截面边长 $\qquad a=\sqrt{4\ 720}=68.7\text{(mm)}$

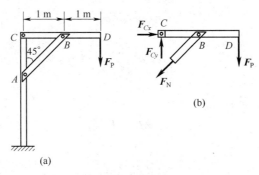

图　3-19

取　$a=70$ mm。

【例 3-8】　如图 3-20(a)所示为一钢筋混凝土组合屋架。已知:屋架受到竖直向下的均布荷载 $q=10$ kN/m 作用,水平拉杆为钢拉杆,材料的许用应力 $[\sigma]=160$ MPa,其他尺寸如图所示。试按强度要求设计拉杆 AB 的截面。

(1)若拉杆选用实心圆截面时,请确定拉杆的截面直径。

(2)若拉杆选用两根等边角钢时,请选择角钢的型号。

【解】　(1)先求屋架 A、B 的支座反力

以整个屋架为研究对象,作屋架的受力图[图 3-20(a)]所示。

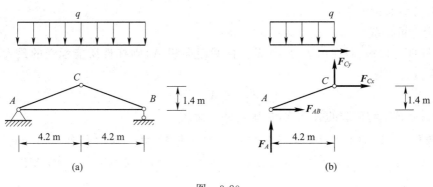

图　3-20

列平衡方程,得

$$F_A = F_B = \frac{qL}{2} = \frac{10 \times 8.4}{2} = 42 \text{(kN)}$$

(2)计算拉杆的轴力

取屋架的 AC 部分为研究对象,画受力图,如图 3-20(b)所示。

列平衡方程

$$\sum M_C = 0$$

$$F_{AB} \times 1.4 - F_A \times 4.2 + q \times 4.2 \times \frac{4.2}{2} = 0$$

$$F_{AB} = 63 \text{ kN}$$

(3)由强度条件

$$\sigma = \frac{F_N}{A} \leqslant [\sigma]$$

$$A \geqslant \frac{F_{AB}}{[\sigma]}$$

作下列计算：

① 当拉杆截面为实心圆截面时

$$A = \frac{\pi d^2}{4} \geqslant \frac{F_{AB}}{[\sigma]}$$

$$d \geqslant \sqrt{\frac{4F_{AB}}{\pi [\sigma]}} = \sqrt{\frac{4 \times 63 \times 10^3}{\pi \times 160}} = 22.39 (\text{mm})$$

取直径 $d = 25$ mm。

② 当拉杆截面为两根等边角钢时

$$A \geqslant \frac{F_{AB}}{[\sigma]} = \frac{63 \times 10^3}{160} = 393.75 (\text{mm}^2)$$

每根角钢的截面面积为

$$A_1 = \frac{A}{2} = \frac{393.75}{2} = 196.88 (\text{mm}^2)$$

查型钢表知，角钢型号为 └ 36×3 的等边角钢，其横截面面积 $A_1 = 210.9$ mm^2。

故此时杆的面积为 $A = 2 \times 210.9$ mm$^2 = 421.8$ mm^2，大于通过强度条件计算出的面积，能够满足强度要求。

3. 确定许可荷载

已知：杆件的材料，即许用应力 $[\sigma]$ 以及横截面面积 A，则杆件所能承受的最大轴力也可用强度条件进行计算，即

$$[F_N] \leqslant A \cdot [\sigma]$$

然后根据 $[F_N]$ 与荷载的关系式，再确定许可荷载。

【例 3-9】 图 3-21(a) 所示的三角架中：AC 杆为钢杆，横截面面积 $A_1 = 6$ cm^2，许用应力 $[\sigma_1] = 160$ MPa；AB 杆为木杆，横截面面积 $A_1 = 100$ cm^2，许用应力 $[\sigma_2] = 7$ MPa。试求此三脚架的许用荷载 $[F]$。

【解】 取节点 A 为研究对象，受力图如图 3-21(b) 所示。

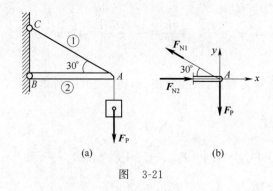

(a)   (b)

图 3-21

(1) 用静力平衡条件分别求出荷载 F_P 与 AC 杆轴力 F_{N1} 及荷载 F_P 与 AB 杆轴力 F_{N2}

的关系。

由 $\qquad \sum F_y = 0, \quad F_{N1} \cdot \sin 30° - F_P = 0$

得 $\qquad F_P = F_{N1} \times \sin 30° = \frac{1}{2} F_{N1}$ $\qquad$ (a)

又由 $\qquad \sum F_x = 0 \quad F_{N2} - F_{N1} \times \cos 30° = 0$

得 $\qquad F_{N2} = F_{N1} \times \cos 30°$

由式(a)可得 $F_{N1} = 2F_P$，所以

$$F_{N2} = 2 \times F_P \cos 30° = \sqrt{3} F_P$$

$$F_P = \frac{\sqrt{3}}{3} \times F_{N2} \qquad (b)$$

(2)分别按各杆的承载能力计算许用荷载，应取其中较小的值为结构的许用荷载。

$$[F_{N1}] = [\sigma_1] \times A_1 = 160 \times 600$$
$$= 96 \times 10^3 = 96(kN)$$

由式(a)可得

$$[F_{P1}] = \frac{1}{2}[F_{N1}] = \frac{1}{2} \times 96 = 48(kN)$$

$$[F_{N2}] = [\sigma_2] \times A_2 = 7 \times 10\,000 = 70 \times 10^3 = 70(kN)$$

由式(b)可得

$$[F_{P2}] = \frac{\sqrt{3}}{3} \times F_{N2} = \frac{\sqrt{3}}{3} \times 70 = 40.4(kN)$$

经比较$[F_{P1}]$、$[F_{P2}]$，确定该三角架的许用荷载$[F_P] = 40.4\ kN$。

3.6　拉(压)杆连接部分的强度计算

工程中的零件、构件之间往往采用铆钉、螺栓、销钉以及键等部件相互连接，如图 3-22 所示，起连接作用的部件称为连接件。连接件在工作中主要承受剪切和挤压作用。由于连接件大多为短粗杆，应力和变形规律比较复杂，因此理论分析十分困难，通常采用假定实用计算法。

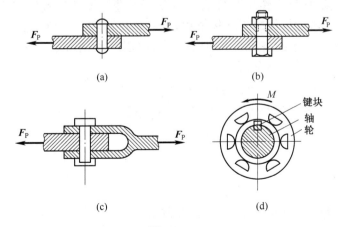

图　3-22

3.6.1 剪切的实用计算

现以铆钉为例[图 3-23(a)]，介绍剪切的概念及其实用计算。当上、下两块钢板用铆钉相连，当大小相等、方向相反、作用线相距很近且垂直于铆钉轴线的两个力 F_P 作用于铆钉上时，铆钉将沿 $m\text{-}m$ 截面发生相对错动，即剪切变形[图 3-23(b)]。如 F_P 过大，铆钉会被剪断。$m\text{-}m$ 截面称为剪切面。应用截面法，假设铆钉沿 $m\text{-}m$ 截面被截开，并取其中一部分为研究对象[图 3-23(c)]，利用平衡方程不难求得剪切面上的剪力 $F_Q = F_P$。

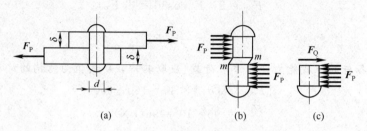

图 3-23

假定切应力在剪切面上均匀分布，有

$$\tau = \frac{F_Q}{A} \tag{3-11}$$

式中　A——剪切面面积；

　　　F_Q——该剪切面上的剪力。

剪切强度条件为

$$\tau = \frac{F_Q}{A} \leqslant [\tau] \tag{3-12}$$

式中　$[\tau]$——连接件的许用切应力，由试验确定。

3.6.2 挤压的实用计算

如图 3-23 所示的铆钉在受剪切的同时，在钢板和铆钉的相互接触面上，还会出现局部受压现象，称为挤压。这种挤压作用有可能使接触处局部区域内的材料发生较大的塑性变形（图 3-24）。连接件与被连接件的相互接触面，称为挤压面[图 3-24(a)]。挤压面上传递的压力称为挤压力，用 F_{bs} 表示。挤压面上的应力称为挤压应力，用 σ_{bs} 表示。假定挤压应力在挤压面的计算面积 A_{bs} 上均匀分布，有

$$\sigma_{bs} = \frac{F_{bs}}{A_{bs}} \tag{3-13}$$

挤压强度条件为

$$\sigma_{bs} = \frac{F_{bs}}{A_{bs}} \leqslant [\sigma_{bs}] \tag{3-14}$$

式中　$[\sigma_{bs}]$——材料的挤压许用应力，由试验测定。

上两式中的挤压面计算面积 A_{bs} 规定如下：当挤压面为平面时，A_{bs} 即为该平面的面积；

当挤压面为半圆柱时（如铆钉、螺栓连接），A_{bs} 为挤压面在其直径平面上的投影的面积 [图 3-24(c)中的阴影部分的面积]。这是由于其计算所得的挤压应力值与理论分析所得的最大挤压应力值相近。

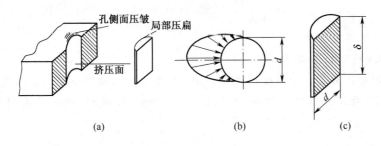

图　3-24

【**例 3-10**】　如图 3-25 所示中的钢板与铆钉的材料相同，已知钢板受到的拉力 $F_P = 52$ kN，钢板的宽度为 $b = 60$ mm，板厚 $\delta = 10$ mm，铆钉的直径 $d = 16$ mm，许用切应力 $[\tau] = 140$ MPa，许用挤压应力 $[\sigma_{bs}] = 320$ MPa，许用拉应力 $[\sigma] = 160$ MPa，试校核连接头的强度。

【**解**】　（1）校核铆钉强度

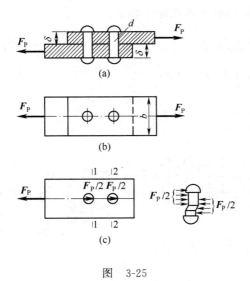

图　3-25

连接部位的每个铆钉剪切变形相同，承受的剪力也相同，因而拉力平均分配在每一个铆钉上 [图 3-25(c)]，每一个铆钉受到的作用力为 $F_P/2$。有

$$\tau = \frac{F_Q}{A} = \frac{\dfrac{F_P}{2}}{\dfrac{\pi d^2}{4}} = \frac{26 \times 10^3}{\dfrac{\pi \times 16^2}{4}} = 129.3 (\text{MPa}) < [\tau]$$

铆钉满足剪切强度要求。

（2）校核挤压强度

每个铆钉受到的挤压力　　　　　　$F_{bs} = \dfrac{F_P}{2} = 26(kN)$

计算挤压面积为　　　　　　$A_{bs} = d \cdot \delta = 16 \times 10 = 160(mm^2)$

$$\sigma_{bs} = \frac{F_{bs}}{A_{bs}} = \frac{26 \times 10^3}{160} = 162.5(MPa) < [\sigma_{bs}] = 320MPa$$

铆钉满足挤压强度要求。

(3)校核钢板的抗拉强度

钢板上有铆钉孔而减小了钢板的截面面积,截面 1-1 的轴力 $F_{N1} = F_P$,截面 2-2 的轴力 $F_{N2} = F_P/2$,以上两截面的面积相等,可见截面 1-1 是危险截面,因此需要对此作抗拉强度校核。

$$\sigma_1 = \frac{F_{N1}}{A_1} = \frac{F_P}{(b-d) \cdot \delta} = \frac{52 \times 10^3}{(60-16) \times 10} = 118.2(MPa) < [\sigma] = 160\ MPa$$

钢板的抗拉强度满足要求。整个连接均满足强度要求。

【例 3-11】　如图 3-26(a)所示为用铆钉把两块钢板对接的图示。在两块厚度为 $\delta = 14mm$ 的对接钢板的上下各加一块厚度为 $\delta_2 = 8\ mm$ 的盖板。已知拉力 $F_N = 200\ kN$,许用应力 $[\tau] = 140\ MPa$,$[\sigma_{bs}] = 320\ MPa$。若采用直径 $d = 16mm$ 的铆钉,求每侧所需的铆钉数 n。

【解】　(1)由铆钉的剪切强度确定铆钉数 n

取一个铆钉为研究对象,画出其受力图[图 3-26(b)]每个铆钉受到的作用力 $F_{P1} = \dfrac{F_P}{n}$。用截面法求得剪切面上的剪力[图 3-26(c)]为

$$F_Q = \frac{F_{P1}}{2} = \frac{F_P}{2n}$$

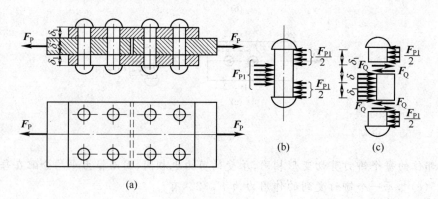

图　3-26

由剪切强度条件

$$\tau = \frac{F_Q}{A} = \frac{F_P}{2An} \leqslant [\tau]$$

得
$$n = \frac{F_P}{2\,[\tau]\,A} = \frac{200 \times 10^3}{2 \times 140 \times \frac{\pi}{4} \times 16^2} = 3.56 \approx 4(\text{个})$$

（2）由挤压强度条件确定铆钉数 n

由于 $2\delta_1 > \delta$，所以挤压的危险面在钢板与铆钉的接触面。

挤压强度条件

$$\sigma_{bs} = \frac{F_{P1}}{A_{bs}} = \frac{\dfrac{F_P}{n}}{\delta \cdot d} = \frac{F_P}{n \cdot \delta \cdot d} \leqslant [\sigma_{bs}]$$

得
$$n = \frac{F_P}{[\sigma_{bs}] \cdot \delta \cdot d} = \frac{200 \times 10^3}{320 \times 14 \times 16} = 2.79 \approx 3(\text{个})$$

要同时满足剪切和挤压的强度要求，应该在每侧钢板上选取铆钉个数为 4 个。

单元小结

一、轴向拉压杆的内力

由外力引起杆件内的各部分之间的相互作用力的改变量叫内力。轴向拉、压时横截面上的内力就是轴力 F_N，它通过杆件截面的形心并与横截面垂直。

确定内力的基本方法是截面法。其步骤是欲求某截面的内力，将杆件假想地在该截面处切成两段，取其中一部分为研究对象，在截开的截面上用未知内力来代替另一部分对保留部分的作用，再用平衡方程求解其内力。

轴力的符号规定：拉力为正；压力为负。

二、轴向拉（压）杆正应力和强度条件

1. 正应力

单位面积上内力的分布集度叫做应力。轴向拉压杆件横截面上的应力与横截面垂直，叫做正应力 σ，在横截面上是均匀分布的，即

$$\sigma = \frac{F_N}{A}$$

2. 强度条件及计算

它是工程力学中研究的主要任务。拉（压）杆件的强度条件为

$$\sigma_{max} = \frac{F_N}{A} \leqslant [\sigma]$$

进行强度计算的步骤是：

（1）分析外力；（2）用截面法计算内力并画轴力图；（3）分析危险截面位置及其内力大小；（4）计算危险截面上的应力，并建立强度条件；（5）进行强度校核、设计截面、确定许可荷载等三类问题的计算。

三、轴向拉（压）杆的变形

直杆在轴向外力的作用下产生纵向变形，其中：纵向变形 Δl 是杆件在轴线方向上的总变

形量;纵向线应变 ε 表达了杆件轴线方向的变形程度。而胡克定律则揭示了轴向拉(压)杆在弹性受力范围内的内力与变形、应力与应变之间的关系

$$\Delta L = \frac{F_N L}{EA}; \qquad \varepsilon = \frac{\sigma}{E}$$

四、连接杆的实用计算

连接件在力的作用下,将产生剪切变形并伴有挤压。而连接件有剪切和挤压两种破坏的形式,所以要进行这两方面的强度计算。实用计算假定剪切面上的切应力和挤压面上的挤压应力均为均匀分布,其剪切和挤压的强度条件是

$$\tau = \frac{F_Q}{A} \leqslant [\tau]$$

$$\sigma_{bs} = \frac{F_{bs}}{A_{bs}} \leqslant [\sigma_{bs}]$$

一般情况下,连接件需作三种强度的计算:剪切、挤压和拉伸。

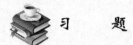 习　　题

3-1　填空题

(1)在工程力学中,通常采用_____求内力,应用这种方法求内力可分为_____、_____和_____三个步骤。

(2)受轴向拉伸或压缩的杆件,其变形是沿杆件的_____方向伸长或缩短。

(3)构件在受到轴向拉、压时,横截面上的内力是_____分布的,在同一个截面上的内力值是_____。

(4)轴向拉、压时,由于应力与横截面_____,故称为_____;计算公式是_____;单位是_____。

(5)受轴向拉、压的杆件,其沿轴向的_____量,称为杆件的绝对变形,其表达式为_____,其中_____表示为杆件的原长,_____表示变形后的长度。

(6)胡克定律的两种数学表达式为_____和_____。

(7)构件工作时,由_____引起的应力称为工作应力。为保证构件能够正常工作,必须使其工作应力在_____以下。

(8)构件的强度不够是指其工作应力_____构件材料的许用应力。

3-2　选择题

(1)材料力学的研究对象是(　　)。

A. 刚体　　　　　B. 变形固体　　　　C. 塑性体　　　　D. 弹性体

(2)抵抗(　　)的能力称为强度。

A. 破坏　　　　　B. 变形　　　　　C. 外力　　　　　D. 荷载

(3)抵抗(　　)的能力称为刚度。

A. 破坏   B. 变形   C. 外力   D. 荷载

(4)内力在截面上分布密集程度称为(   )。

A. 应力   B. 内力度   C. 正应力   D. 切应力

(5)轴向拉压杆的轴向变形 ΔL 等于(   )。

A. F_N/EA B. $F_N L/EA$ C. $F_N L/EI$ D. F_N/EI

(6)轴向拉压杆的胡克定律为(   )。

A. $\Delta L = F_N/EA$ B. $\Delta L = F_N L/EA$ C. $\Delta L = F_N L/EI$ D. $\Delta L = F_N/EI$

(7)胡克定律的一般形式表明(   )。

A. 当材料在弹性范围内时,应力与应变成正比

B. 应力的大小与材料有关

C. 应变与材料无关

D. 应力与应变任何情况下都成正比

(8)应力的单位是(   )。

A. N   B. N·M   C. Pa   D. 无名数

(9)轴向拉压杆横截面上的正应力计算公式为(   )。

A. $\sigma = \dfrac{F_N}{A}$ B. $\sigma = \dfrac{M}{A}$ C. $\sigma = \dfrac{M}{W}$ D. $\tau = \dfrac{F_N}{A}$

3-3 试计算图示杆件指定截面的轴力。

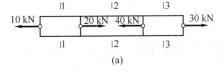

(a)

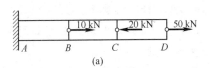

(a)

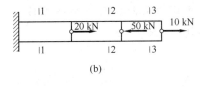

(b)

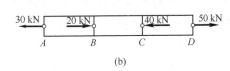

(b)

题 3-3 图   题 3-4 图

3-4 试绘制图示杆件的轴力图。

3-5 求图示等直杆横截面 1-1、2-2 和 3-3 上的轴力,并作轴力图。如横截面面积 $A = 400 \text{ mm}^2$,求各横截面上的正应力。

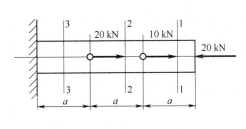

题 3-5 图

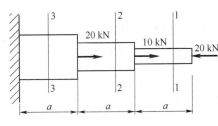

题 3-6 图

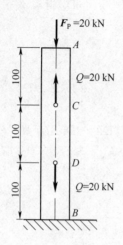

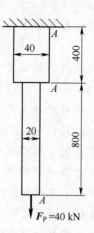

　　　　　题 3-7 图　　　　　　　　　　　　　　　　　题 3-8 图

　　3-6　求图示阶梯状直杆横截面 1-1、2-2 和 3-3 上的轴力,并作轴力图。如横截面面积 $A_1 = 200 \text{ mm}^2$,$A_2 = 300 \text{ mm}^2$,$A_3 = 400 \text{ mm}^2$,求各横截面上的正应力。

　　3-7　一长为 0.3 m 的钢杆,其受力情况如图所示。已知杆横截面面积 $A = 1\,000 \text{ mm}^2$,材料的弹性模量 $E = 200 \times 10^3 \text{ MPa}$,试求:

　　(1) AC、CD、DB 各段的应力及变形。

　　(2) AB 杆的总变形。

　　3-8　一圆截面阶梯杆受力如图所示,已知材料的弹性模量 $E = 200 \times 10^3 \text{ MPa}$,试求各段的应力和应变。

　　3-9　一矩形截面木杆,两端的截面被圆孔削弱,中间的截面被两个切口减弱,如图所示。杆端承受轴向拉力 $F_P = 70 \text{ kN}$,已知 $[\sigma] = 7 \text{ MPa}$,问该杆是否安全?

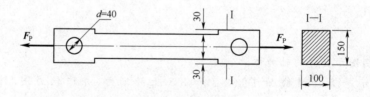

　　　　　　　　　　　　　　题 3-9 图

　　3-10　图示支架,在 B 处需承受 80 kN,杆 AB 为圆形截面的钢杆,其许用应力 $[\sigma_1] = 160 \text{ MPa}$。杆 BC 为正方形截面的木杆,其许用应力 $[\sigma_2] = 4 \text{ MPa}$。试确定钢杆的直径 d 和木杆截面的边长 a。

　　3-11　图示结构中 AC、BD 两杆材料相同,许用应力 $[\sigma] = 160 \text{ MPa}$,弹性模量 $E = 200 \times 10^3 \text{ MPa}$,荷载 $F_P = 60 \text{ kN}$。试求两杆的横截面面积。

　　3-12　图示结构中,杆①为钢杆,$A_1 = 1\,000 \text{ mm}^2$,$[\sigma_1] = 160 \text{ MPa}$。杆②为木杆,$A_2 = 20\,000 \text{ mm}^2$,$[\sigma_2] = 7 \text{ MPa}$。求结构的许可荷载 $[F_P]$。

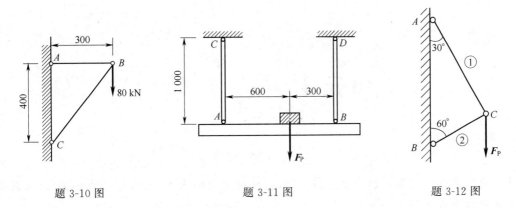

题 3-10 图　　　　　　题 3-11 图　　　　　　题 3-12 图

3-13　两块厚度均为 10 mm 的钢板,用两个直径 $d=16$ mm 的铆钉搭接在一起。已知钢板受拉力 $F_P=6$ kN,许用应力 $[\tau]=140$ MPa,$[\sigma_{bs}]=280$ MPa,$[\sigma]=160$ MPa。试校核此连接的强度。

3-14　两钢板由一个铆钉连接如图所示,已知 $F_P=10$ kN,$\delta=5$ mm,许用应力 $[\tau]=80$ MPa,$[\sigma_{bs}]=200$ MPa。试确定铆钉的直径 d。

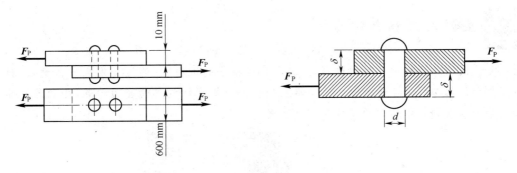

题 3-13 图　　　　　　　　　　题 3-14 图

单元4 扭 转

单元概述

本单元主要讲述圆轴扭转的概念；圆轴扭转时横截面的内力、应力计算的方法，以及圆轴扭转时的强度条件和强度计算的方法。

学习目标

通过本单元的学习，能够正确计算出圆轴扭转时横截面上的扭矩和切应力；会用圆轴扭转时的强度条件对一些简单的扭转问题进行强度计算。

生活及工程中的实例

如下图所示为机械的拆卸过程，当工人扭动扳手的过程中，螺帽会发生什么变化，针对这种变化如何用工程力学进行分析？本单元将讨论分析受扭构件的受力特点，并且计算其横截面的内力以及圆轴扭转时的强度条件和强度。

4.1 扭转的概念

当杆件受到两个大小相等，方向相反，作用面垂直于轴线并且相互平行的一对力偶时，将使杆件的任意横截面绕杆件的轴线产生相对的转动，这种变形称为扭转变形，各截面产生相对的转角扭转称为扭转角，如图4-1所示。

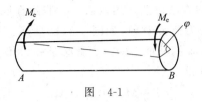

图　4-1

　　扭转变形是杆件的一种基本变形。工程中受扭的构件是很常见的。例如,我们用螺丝刀拧紧螺丝钉时,在螺丝刀柄上用手指作用一个力偶,螺丝钉的阻力,使螺丝刀的刀口上作用一个大小相等,方向相反的力偶,使螺丝刀的杆产生扭转,如图 4-2(a)所示。又如汽车方向盘的轴[图 4-2(b)]、机械中的传动轴[图 4-2(c)]等均发生扭转变形。

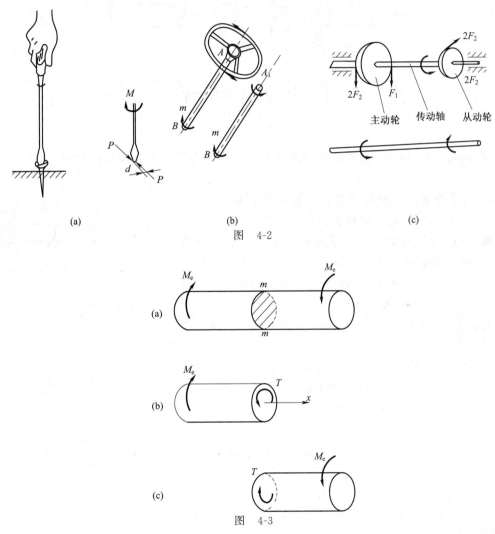

　　　　　(a)　　　　　　　　　　　　(b)　　　　　　　　　　　　　　(c)

图　　4-2

图　　4-3

4.2　圆轴扭转时的扭矩和扭矩图

　　如图 4-3(a)所示圆截面杆,在两端力受到两个转向相反的外力偶作用,发生扭转变形。现在分析横截面上内力,所采用的方法仍然是用截面法。假想在圆轴的 m-m 处将它截开,任取一段为分离体。现取左边一段为研究对象,如图 4-3(b)所示。作用在分离体上的外力为力偶,根据静力平衡条件可知,m-m 横截面上的内力就必是一力偶。这内力偶之矩称为扭矩,用 T 表示。由平衡方程 $\sum M_x = 0$ 得

$$T - M_e = 0, T = M_e$$

m-m 横截面上的扭矩也可通过右半段为分离体[图 4-3(c)]求得。扭矩的单位与力偶矩的单位相同,为牛·米(N·m)或千牛·米(kN·m)。

为了使左右两段的同一截面的扭矩正负号相同,通常用右手法则来确定:以右手四指指向扭矩的转动方向,其大拇指的指向由横截面向外指时为正,反之为负,如图 4-4 所示。

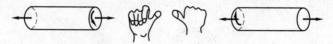

图 4-4

用截面法计算扭矩时,通常将扭矩假设为正,计算结果为负则说明假设转向与实际的转向相反。

通常为了直观地反映杆件各段扭矩的变形规律,就用一个图的形式来表示,这个图称为扭矩图。

【例 4-1】 一传动轴的计算简图如图 4-5(a)所示,作用于其上的外力偶矩的大小分别是:$M_A = 2$ kN·m,$M_B = 3.5$ kN·m,$M_C = 1$ kN·m,$M_D = 0.5$ kN·m,转向如图所示。试作该传动轴的扭矩图。

【解】 用截面法沿所求扭矩的截面将轴截开,取左段为分离体,图 4-5(b)、(c)、(d)所示。分别列平衡方程

Ⅰ-Ⅰ 截面:$\sum M_x = 0$, $T_1 + M_A = 0$

得 $\qquad T_1 = -M_A = -2$ kN·m

Ⅱ-Ⅱ 截面:$\sum M_x = 0$, $T_2 + M_A - M_B = 0$

得 $\qquad T_2 = -M_A + M_B = -2 + 3.5 = 1.5 (kN·m)$

Ⅲ-Ⅲ 截面:$\sum M_x = 0$, $T_3 + M_A - M_B + M_C = 0$

得 $T_3 = -M_A + M_B - M_C = -2 + 3.5 - 1 = 0.5 (kN·m)$

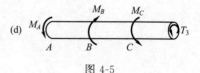

图 4-5

以平行杆轴线的横坐标表示横截面的位置,以纵坐标表示扭矩,作扭矩图,如图 4-5(e)所示。

4.3 圆轴扭转时横截面的应力

研究圆轴扭转时横截面上应力一般是从三个方面进行考虑:(1)圆轴扭转变形的几何关

系,从中找出应变的变化规律;(2)杆件应力与应变之间的物理关系,找出应力的分布规律。
(3)根据扭矩与应力之间的静力学关系导出应力的计算公式。

下面观察扭转的变形现象来研究圆轴杆的应力。

圆轴杆在扭转前先在圆轴表面画上等距离圆周线和纵向线,形成许多小方格,将如图 4-6
(a)所示,当圆轴受到外力偶矩作用,发生了扭转变形,如图 4-6(b)所示。这时我们就可以看
到:圆轴的纵线均产生了一个倾斜角度 γ,原来的矩形格子变成了平行四边形。圆周线仍保持
原来的形状,两圆周线间的距离均保持不变,只相对转动了一个角度,即扭转角 φ。

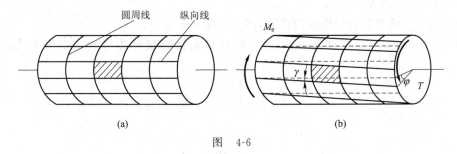

图　4-6

从以上观察到的现象。我们可以得出如下推论:

(1)由于变形后,横截面间的间距不变,纵向线应变 ε＝0,因此横截面上没有正应力。

(2)圆轴表面上的小矩形变成平行四边形,表明相邻两横截面发生错动,即剪切变形。剪
切变形的大小以 γ 角表示,γ 就称为切应变。说明圆轴横截面上有切应力。

(3)由于相邻两圆周线之间每个方格的直角该变量相等,即切应变相同,根据材料均匀连
续性假设,横截面上沿圆周各点处的切应力是相等的,且方向垂直于半径。而从图 4-7(a)所示
中,可以看到距横截面的圆心越远,产生的移动就越大,可以得出结论:各点移动的大小与该点
到圆心的距离成正比,即横截面直径上各点的切应变 γ 与该点到圆心距离 ρ 成正
比[图 4-7(b)]。

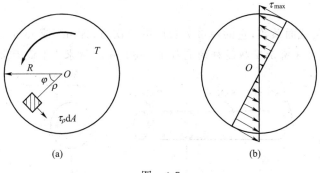

图　4-7

根据以上的分析,圆截面上任一点的切应力计算公式为

$$\tau_\rho = \frac{T \cdot \rho}{I_p} \tag{4-1}$$

式中　T——横截面上的扭矩;

　　　ρ——所求应力的点到圆心的距离;

　　　I_p——该截面的极惯性矩。

　　直径为 D 的实心圆轴,极惯性矩为

$$I_p = \frac{\pi D^4}{32}$$

对于外径为 D、内径为 d 的圆环截面,极惯性矩为

$$I_p = \frac{\pi}{32}(D^4 - d^4) = \frac{\pi D^4}{32}(1 - \alpha^4)$$

式中 $\alpha = d/D$,它为内外径之比。

　　极惯性矩 I_p 的单位为长度的四次方,即 m^4 或 mm^4。

　　由式(4-1)可知,当 ρ 等于半径 R 时,即在横截面的最外边缘处,切应力为最大,其值为

$$\tau_{max} = \frac{TR}{I_p} = \frac{T}{I_p/R} \tag{4-2}$$

令

$$\frac{I_p}{R} = W_p$$

得

$$\tau_{max} = \frac{T}{W_p} \tag{4-3}$$

实心圆截面

$$W_p = \frac{\pi D^3}{16}$$

空心圆轴

$$W_p = \frac{\frac{\pi D^4}{32}(1 - \alpha^4)}{\frac{D}{2}} = \frac{\pi D^3}{16}(1 - \alpha^4)$$

通常把 W_p 称为抗扭截面系数,它的单位为长度的三次方,即 m^3 或 mm^3。

　　【例 4-2】　如图 4-8 所示受扭圆杆的直径 $D = 60$ mm,试求 1-1 截面上 K 点切应力。

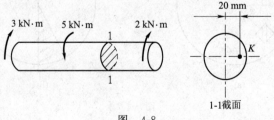

图　4-8

　　【解】　1-1 截面上的扭矩为 -2 kN·m,K 点的切应力为

$$\tau = \frac{T \cdot \rho}{I_p} = \frac{T \cdot \rho}{\frac{\pi D^4}{32}} = \frac{32 \times 2 \times 10^6}{\pi \times 60^4} \times 20 = 31.4 \text{(MPa)}$$

在计算 τ 时,扭矩 T 一般以绝对值代入,切应力的正、负无实际意义,一般只计算其绝对值。

4.4 圆截面杆扭转时的强度计算

为了保证圆轴安全正常工作,轴内最大工作切应力不能超过材料的许用应力$[\tau]$,即

$$\tau_{\max} = \frac{T_{\max}}{W_p} \leqslant [\tau] \tag{4-4}$$

该式称为圆轴扭转时的强度条件。式中$[\tau]$为扭转时材料的许用切应力,可由有关手册查到。

与轴向拉(压)变形一样,根据强度条件可以解决扭转构件的强度校核、选择截面尺寸和确定许可荷载三类问题。

【例 4-3】 受扭圆杆如图 4-9(a)所示,已知杆的直径 $D=80$ mm,材料的许用切应力 $[\tau]=40$ MPa。试校核该杆的强度。

【解】 (1)确定圆杆的最大扭矩值。作出杆的扭矩图如图 4-9(b)所示。杆的最大扭矩为

$$T_{\max} = 4 \text{ kN} \cdot \text{m}$$

(2)作强度计算。

$$\tau_{\max} = \frac{T_{\max}}{W_p} = \frac{T_{\max}}{\dfrac{\pi D^3}{16}}$$

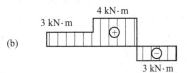

$$= \frac{16 \times 4 \times 10^6}{\pi \times 80^3} = 39.8(\text{MPa}) < [\tau] = 40 \text{ MPa}$$

图 4-9

可见,此杆满足强度要求。

【例 4-4】 如图 4-10(a)所示为一传动轴。轴上 A 为主动轮,B、C、D 为从动轮。已知主动轮上力偶矩 $M_A=15$ kN·m,从动轮上的力偶矩分别为:$M_B=4$ kN·m,$M_C=2$ kN·m,$M_D=9$ kN·m。材料的许用切应力 $[\tau]=100$ MPa。试确定传动轴横截面的直径 D。

【解】 (1)确定圆杆的最大扭矩值。作出轴的扭矩图[图 4-10(b)]所示。该轴的最大扭矩值为

$$T_{\max} = 9 \text{ kN} \cdot \text{m}$$

(2)作强度计算。由公式(4-4)可知

$$W_p = \frac{T_{\max}}{[\tau]} = \frac{9 \times 10^6}{100} = 90 \times 10^3 (\text{mm}^3)$$

由于

$$W_p = \frac{\pi D^3}{16}$$

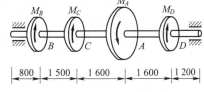

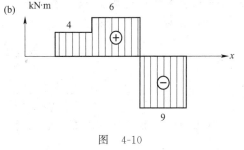

所以

$$D \geqslant \sqrt[3]{\frac{16 W_p}{\pi}} = \sqrt[3]{\frac{16 \times 90 \times 10^3}{\pi}} = 77.10(\text{mm})$$

图 4-10

选取圆轴的直径 $D=77.10$mm。

对于空心轴,它的切应力计算公式和强度条件与实心圆轴相同,只是在计算极惯性矩 I_p 和抗扭截面系数 W_p 是稍有不同而已。空心轴受扭后横截面上的切应力 τ 的分布规律如图 4-11 所示。

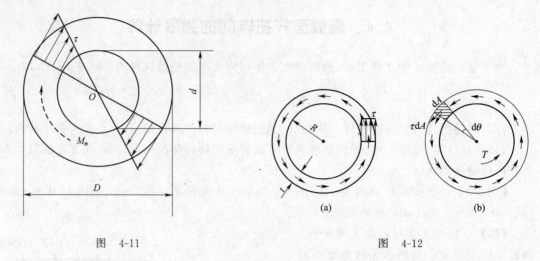

图　4-11　　　　　　　　　　　　　　　图　4-12

当空心轴的内外径很接近,内外径比 $\alpha \geqslant 0.9$,即轴的壁厚 τ 远小于圆环的平均半径 R 时,这种空心轴就称为薄壁圆筒(或薄壁管)。这时,横截面上的切应力 τ 可近似为沿壁厚均匀分布,如图 4-12(a)所示。切应力计算公式为

$$\tau = \frac{T}{2\pi R^2 t} \tag{4-5}$$

【例 4-5】　一根由无缝钢管制成的传动轴,外径 $D=90$ mm,壁厚 $t=5$ mm。工作时承受的最大扭矩 $T=3$ kN·m。材料的许用切应力 $[\tau]=60$ MPa,试校核该轴的强度。

【解】　该题有两种方法进行求解。

1. 用空心轴计算公式

$$d = D - 2t = 90 - 2 \times 5 = 800 (\text{mm})$$

$$\alpha = \frac{d}{D} = \frac{80}{90} = 0.899$$

$$W_p = \frac{\pi D}{16}(1 - \alpha^4) = \frac{\pi \times 90^3}{16}(1 - 0.899^4) = 53\ 740 (\text{mm}^3)$$

$$\tau_{max} = \frac{T}{W_p} = \frac{3 \times 10^6}{53\ 740} = 55.8 (\text{MPa}) < [\tau] = 60 \text{ MPa}$$

此钢管满足强度要求,故安全。

2. 用薄壁圆筒计算公式

$$R = \frac{D - t}{2} = 42.5 (\text{mm})$$

$$\tau = \frac{T}{2\pi r^2 t} = \frac{3 \times 10^6}{2 \times \pi \times 42.5^2 \times 5} = 52.89 (\text{MPa}) < [\tau] = 60 \text{ MPa}$$

从上面的计算结果可以看出它们的误差很小。

4.5　圆轴扭转的变形与刚度条件

圆轴受扭转时,除了考虑强度条件外,有时还要满足刚度条件。例如机床的主轴,若扭转

变形过大,就会引起剧烈振动,影响加工工件的质量。因此还需对轴的扭转变形有所限制。

若两横截面间的扭矩 T 为常量,且轴的直径不变,如图 4-13 所示,则两横截面间的转角为

$$\varphi = \frac{Tl}{GI_p} \tag{4-6}$$

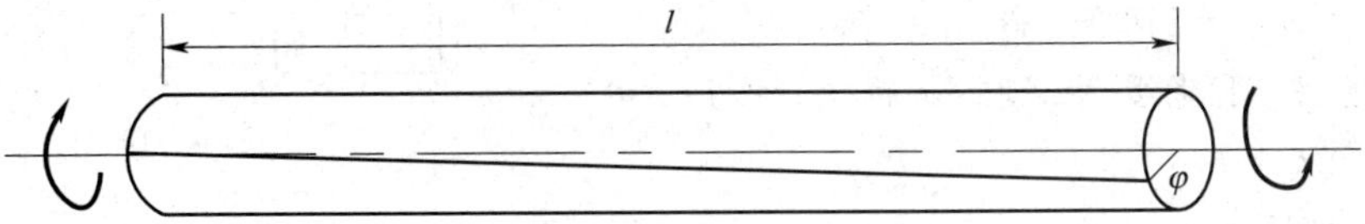

图 4-13

扭转角是无量纲量,常用单位是弧度(rad)。

工程中通常用单位长度扭转角 $\mathrm{d}\varphi/\mathrm{d}x$ 来衡量轴的扭转变形程度。单位长度扭转角用 θ 表示,常用单位是 rad/m。

对于 T 为常量,长度为 l 的等截面圆轴,单位长度扭转角 $\theta = \dfrac{\varphi}{l}$。

故圆轴扭转的刚度条件为

$$\theta_{\max} = \frac{T_{\max}}{GI_p} \leqslant [\theta] \tag{4-7}$$

上式中 $[\theta]$ 为许用单位长度扭转角。在工程中 $[\theta]$ 的单位常用度/米(°/m),因此,上式可改写为

$$\theta_{\max} = \frac{T_{\max}}{GI_p} \times \frac{180}{\pi} \leqslant [\theta] \tag{4-8}$$

【例 4-6】 如图 4-14(a)所示,已知传动轴的直径 $D = 80$ mm,外力偶矩 $M_1 = 10$ kN·m,$M_2 = 4$ kN·m,$M_3 = 3.5$ kN·m,$M_4 = 2.5$ kN·m,单位长度许用扭转角 $[\theta] = 0.3°/\mathrm{m}$,材料的剪切弹性模量 $G = 8 \times 10^4$ MPa。

(1)试校核该轴的刚度。

(2)若不满足刚度条件,重新选择轴的直径。

(3)求截面 D 与截面 A 之间的相对扭转角 φ_{AD}。

【解】 (1)作出轴的扭矩图,如图 4-14(b)所示,最大扭矩值在 BC 段,其值为 $T_{\max} = 6$ kN·m。

(2)校核圆轴的刚度

$$I_p = \frac{\pi D^4}{32} = \frac{\pi \times 80^4}{32} = 4.02 \times 10^6 (\mathrm{mm}^4)$$

$$= 4.02 \times 10^{-6} (\mathrm{m}^4)$$

$$\theta_{\max} = \frac{T_{\max}}{GI_p} \times \frac{180}{\pi} = \frac{6 \times 10^6}{8 \times 10^4 \times 4.02 \times 10^6} \times \frac{180}{\pi} = 1.07 \times 10^{-3} = 1.07(°/\mathrm{m}) > [\theta]$$

所以该轴不满足刚度条件。

(3)按刚度条件重新选择该轴的直径。

由刚度条件

$$\theta_{max} = \frac{T_{max}}{GI_p} \times \frac{180}{\pi} = \frac{32T_{max}}{G\pi D^4} \times \frac{180}{\pi} \leqslant [\theta]$$

得

$$D \geqslant \sqrt[4]{\frac{32T_{max} \times 180}{G\pi^2[\theta]}} = \sqrt[4]{\frac{32 \times 6 \times 10^6 \times 180}{8 \times 10^6 \times 0.3 \times 10^{-3}}}$$

$$= 110(mm)$$

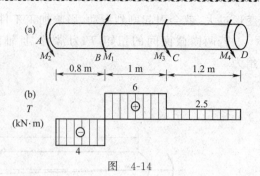

图　4-14

为了使轴满足刚度要求,取轴的直径 $D = 110$ mm。

(4)计算扭转角 φ_{AD}。

轴的极惯性矩

$$I_p = \frac{\pi D^4}{32} = \frac{\pi \times 110^4}{32} = 14.37 \times 10^6 (mm^4)$$

因该轴有四个外力偶矩作用,故分为三段分别计算各段轴两端截面间的相对扭转角,然后进行叠加,就得到 φ_{AD}。

$$\varphi_{AB} = \varphi_{AD} + \varphi_{BC} + \varphi_{CD} = \frac{1}{GI_p}(T_{AB}l_{AB} + T_{BC}l_{BC} + T_{CD}l_{CD})$$

$$= \frac{1}{8 \times 10^4 \times 14.37 \times 10^6}$$

$$\times [(-4 \times 10^6) \times 800 + 6 + 10^6 \times 1\,000 + 2.5 \times 10^6 \times 1\,200]$$

$$= 5.05 \times 10^{-3} (rad)$$

单元小结

一、扭转的概念

当杆件受到两个大小相等,方向相反,作用面垂直于轴线并且相互平行的一对力偶时,将使杆件的任意横截面绕杆件的轴线产生相对的转动,这种变形称为扭转变形。

二、圆轴扭转时的扭矩和扭矩图

圆轴在外力偶矩的作用时,横截面产生的内力——扭矩。计算扭矩的方法仍然是用截面法。扭矩的单位与力偶矩的单位相同,为牛·米(N·m)或千牛·米(kN·m)。

扭矩的正负号规定,用右手法则来确定:以右手四指指向扭矩的转动方向,其大拇指的指向由横截面向外指时为正,反之为负。

通常用一个图的形式来表示直观地反映杆件各段扭矩的变形规律,这个图称为扭矩图。

三、圆轴扭转时横截面的应力

圆截面上任一点的切应力计算公式为

$$\tau_\rho = \frac{T \cdot \rho}{I_p}$$

四、圆截面杆扭转时的强度计算

为了保证圆轴安全正常工作,轴内最大工作切应力不能超过材料的许用应力 $[\tau]$,即

$$\tau_{max} = \frac{T_{max}}{W_p} \leqslant [\tau]$$

对于空心轴,它的切应力计算公式和强度条件与实心圆轴相同,只是在计算极惯性矩 I_p 和抗扭截面系数 W_p 是稍有不同而已。

当横截面上的切应力 τ 可近似为沿壁厚均匀分布,切应力计算公式为

$$\tau = \frac{T}{2\pi R^2 t}$$

五、圆轴扭转的变形与刚度条件

若两横截面间的扭矩 T 为常量,切轴的直径不变,则两横截面间的转角为

$$\varphi = \frac{Tl}{GI_p}$$

对于 T 为常量,长度为 l 的等截面圆轴,单位长度扭转角 $\theta = \dfrac{\varphi}{l}$。圆轴扭转的刚度条件为

$$\theta_{\max} = \frac{T_{\max}}{GI_p} \leqslant [\theta]$$

在工程中 $[\theta]$ 的单位常用度/米(°/m),因此,上式可改写为

$$\theta_{\max} = \frac{T_{\max}}{GI_p} \times \frac{180}{\pi} \leqslant [\theta]$$

习 题

4-1 填空题

(1)设圆筒的壁厚为 t,圆筒的平均半径为 R,当 _____ 时,这种原图称为薄壁圆筒。

(2)薄壁原图扭转时横截面上的切应力公式为 _____。

4-2 试作下列各图的扭矩图,并求 $T_{\max}$ 值及其作用处。

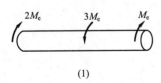

(1)

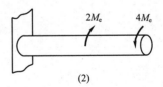

(2)

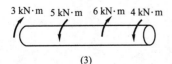

(3)

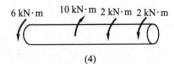

(4)

题 4-2 图

4-3 齿轮轴上有 4 个齿轮如图,其外力偶矩分别为 $M_A = 52$ N·m,$M_B = 120$ N·m,$M_C = 40$ N·m,$M_D = 28$ N·m。已知各段轴的直径分别为 $D_{AB} = 15$mm,$D_{BC} = 20$mm,$D_{CD} = 12$mm。(1)作出该轴的扭矩图;(2)求 1-1、2-2、3-3 截面上的最大切应力。

4-4 直径 $D = 50$ mm 的圆轴,受到扭矩 $T = 4$ kN·m 的作用,试求离轴心 10 mm 处的

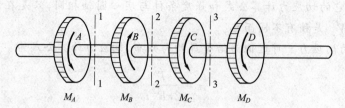

题 4-3 图

切应力及横截面上的最大切应力。

4-5 若将题 4-4 中的轴制成空心圆轴,其外径 $D=50$ mm,内径 $d=80$ mm。试求最大切应力。

4-6 图示受扭圆杆中,$d=100$ mm,材料的许用切应力 $[\tau]=40$ MPa。试校核该杆的强度。

4-7 图示受扭圆杆中,$d=80$ mm,材料的剪切弹性模量 $G=8\times10^4$ MPa。试分别计算 B、C 两截面的相对扭转角和 D 截面的扭转角。

4-8 圆杆受力如图所示,已知材料的许用切应力 $[\tau]=40$ MPa,剪切弹性模量 $G=8\times10^4$ MPa,单位长度杆的许用扭转角 $[\theta]=12$ °/m。试求杆所需的直径。

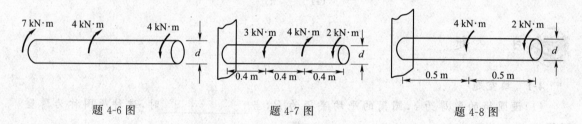

题 4-6 图   题 4-7 图   题 4-8 图

单元5 梁的弯曲

本单元要点

本单元主要讲述梁横截面上的剪力和弯矩的计算,以及剪力图和弯矩图的绘制方法及技巧;梁横截面上的正应力计算及其强度条件和强度条件的应用问题;梁在外力的作用下所产生的变形计算和刚度条件及其应用。

学习目标

通过本单元的学习,能够正确绘制出梁的剪力图和弯矩图;应用梁的正应力强度条件对梁进行强度校核、设计梁的横截面大小和确定梁的许可荷载;能够计算梁在简单荷载作用下所产生的挠度和转角、用刚度条件作刚度校核。清楚提高梁抗弯强度和刚度的措施。

生活及工程中的实例

如图所示为现场施工中的工作场景,跳板搭在两边墙体上,当工人在板上行走时,跳板在工人和小车的作用下发生弯曲,该跳板是否结实呢? 本单元将为解决上述问题提供方法和依据。

5.1 直梁弯曲的概念

5.1.1 弯曲变形和平面弯曲

在日常生活着工程实际中,经常会遇到弯曲变形的问题。如两人用木棍抬重物,木棍将发生弯曲。人扛重物越过壕沟上的跳板时,跳板将发生弯曲。可见,当直杆受到垂直于轴线的外

力作用或受到通过轴线平面内的力偶作用时,杠件的轴线
由直线变为曲线(图 5-1),这种变形称为弯曲变形。凡是
以弯曲变形为主的杆件叫梁,轴线是直线的梁叫直梁。梁
是工程结构中最常见的构件。

　　工程中大多数梁的横截面,如矩形,工字形,T 形等横
截面(图 5-2),它们都有一根竖向对称轴,这根对称轴与
梁轴线所构成平面叫纵向对称平面(图 5-3)。若梁上的
所有外力都作用在纵向对称面内,梁轴线弯曲成纵向对称

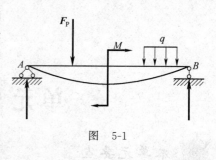

图　5-1

面内的一条平面曲线,这种弯曲变形称为平面弯曲。平面弯曲是一种最简单,最常见的弯曲。
本单元将讨论等截面直梁的平面弯曲。

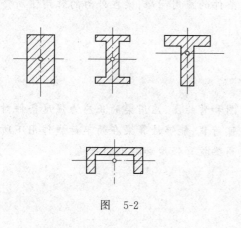

图　5-2

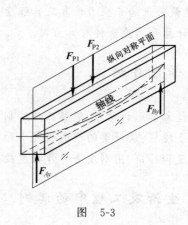

图　5-3

5.1.2　梁的类型

　　工程中梁的形式很多,根据支座情况,可分为以下三种情况:
　　(1)简支梁。一端为固定铰支座,另一端为活动铰支座的梁[图 5-4(a)]。
　　(2)悬臂梁。一端为固定端,另一端为自由端的梁[图 5-4(b)]。
　　(3)外伸梁。其支座形式和简支梁相同,但梁的一端或两端伸出支座之外[图 5-4(c)]。

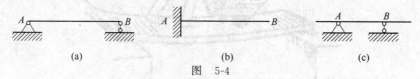

　　　(a)　　　　　　　　　　(b)　　　　　　　　　(c)

图　5-4

5.2　梁横截面的内力

5.2.1　剪力和弯矩的概念

　　以图 5-5(a)所示的简支梁为例。梁受集中力 F_P 以及支座反力 F_A、F_B 作用而平衡。现
用截面法分析其 1-1 截面上的内力。假想地将梁沿截面 1-1 截成两端,由于整个梁处于平衡
状态,所以梁的各部分也应处于平衡状态。选取左段为研究对象[图 5-5(c)],作用在左段上的

外力有使左段梁向上移动的趋势,为了保证左段梁的平衡,截面 1-1 上必有一个与横截面相切的内力 F_Q,它说明梁受剪切作用,故称 F_Q 为剪力。此外,外力 F_A 与内力 F_Q 又有使梁顺时针转动的趋势,因此截面 1-1 上必然还有一个作用于纵向对称面内的力偶 M,它说明梁受弯曲作用,故这个力偶 M 称为弯矩。

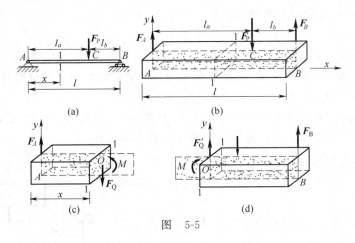

图　5-5

如果取梁的右段为研究对象,同样可求得截面 1-1 的 F_Q 和 M。根据作用力与反作用力的关系,右段梁在截面 1-1 上的 F_Q 和 M 与左段梁在同一截面的 F_Q、M 应大小相等,方向相反[图 5-5(b)]。

为使以左右两端为研究对象所算得同一截面上的剪力和弯矩,不但数值相同而且正负号系起立,作如下规定:

(1)剪力的正负号。当截面上的剪力 F_Q 使所考虑的分离体有顺时针转动势时规定为正[图 5-6(a)],反之为负[图 5-6(b)]。

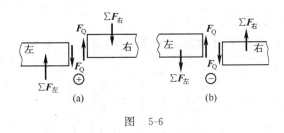

图　5-6

(2)弯矩的正负号。截面上的弯矩使所考虑的分离体产生向下凸的变形时为正[图 5-7(a)],反之为负[图 5-7(b)]。

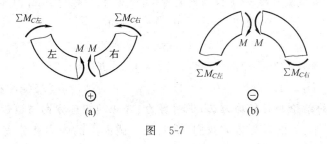

图　5-7

根据以上这个规定,则可归纳为一个简单的口诀:"左上右下,剪力为正,左顺右逆,弯矩为正。"

5.2.2 用截面发计算指定截面上的内力

用截面法计算指定截面上的剪力和弯矩的步骤如下:

(1)计算支座反力。

(2)假想地指定截面处截开。

(3)选取任一部分为研究对象,面出其受力图。一般假设截面上的剪力和弯矩为正号。

(4)建立平衡方程$\sum F_y=0$,$\sum F_C=0$,解出内力。

【例 5-1】 图 5-8(a)为一简支梁,受集中力 $F_1=10$ kN,$F_2=50$ kN 和集中力偶矩 $M=20$ kN·m 的作用。试求 1-1 和 2-2 的截面的剪力和弯矩。

【解】 (1)求支座反力

以整个梁为研究对象,假设支座反力 F_A、F_B 方向向上,列平衡方程

$$\sum M_A=0, \quad -F_1\times1-M-F_2\times3+F_B\times4=0$$

$$F_B=\frac{F_1\times1+M+F_2\times3}{4}=\frac{10\times1+20+50\times3}{4}$$

$$=45(\text{kN})(\uparrow)$$

$$\sum M_B=0, \quad -F_A\times4+F_1\times3-M+F_2\times1=0$$

$$F_A=\frac{F_1\times3-M+F_2\times1}{4}$$

$$=\frac{10\times3-20+50\times1}{4}$$

$$=15(\text{kN})(\uparrow)$$

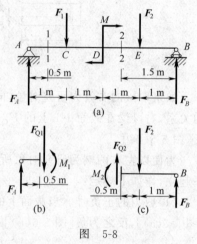

图 5-8

(2)求截面 1-1 上的内力

在截面 1-1 处把梁截成两段,去左段为研究对象,设剪力、弯矩均为正[图 5-8(b)],列平衡方程

$$\sum F_y=0, \quad F_A-F_{Q1}=0$$

$$F_{Q1}=F_A=15 \text{ kN}$$

$$\sum M_1=0, \quad -F_A\times0.5+M_1=0$$

$$M_1=F_A\times0.5=7.5(\text{kN}\cdot\text{m})$$

(3)求截面 2-2 上的内力

在截面 2-2 处把梁截成两段,取左段为研究对象,设剪力、弯矩均为正[图 5-8(c)],列平衡方程

$$\sum F_y=0, \quad F_{Q1}-F_2+F_B=0$$

$$F_{Q2}=F_2-F_B=50-45=5(\text{kN})$$

$$\sum M_2=0, \quad -M_2-F_2\times0.5+F_B\times1.5=0$$

$$M_2=F_B\times1.5-F_2\times0.5=45\times1.5-50\times0.5=42.5(\text{kN}\cdot\text{m})$$

以上两截面上的结论和弯矩均为正,说明剪力、弯矩的实际方向与假设方向相同。

用截面法求杆件内力的过程告诉我们,梁上任一截面上的内力和分离体所受到的外力使

分离体局部平衡,剪力是利用静力平衡方程中的投影方程,弯矩是利用力矩方程求得。在实际计算过程中,我们也可以简化计算过程,直接用外力求内力,其方法是:

(1)梁上任一横截面上的剪力等于该截面任一侧所有外力在竖向上投影的代数和,即在集体的计算中,凡外力的方向所设剪力的方向相反者取正号,反之取负号。

(2)梁上任一横截面上的弯矩等于该截面任一侧所有外力(包括力偶)对该截面形心的力矩的代数和,即在实际的计算中,凡外力对该截面形心的力矩的转向与所设弯矩的转向相反时,取正值,反之取负值。

【例 5-2】 外伸梁的受力情况如图 5-9 所示。已知 $F_P = 4$ kN,$q = 1.5$ kN/m,$M = 3$ kN·m,试求梁 C、D 在截面的剪力和弯矩。

【解】 (1)求支座反力。取梁整体为研究对象,列平衡方程。

$$\sum M_D = 0, \quad F_P \times 5 + q \times 2 \times 1 - M - F_B \times 4 = 0$$

$$F_B = \frac{F_P \times 5 + q \times 2 \times 1 - M}{4} = \frac{4 \times 5 + 1.5 \times 2 \times 1 - 3}{4} = 5 \text{(kN)}$$

$$\sum M_B = 0, F_P \times 1 - q \times 2 \times 3 - M + F_D \times 4 = 0$$

$$F_D = \frac{-F_P \times 1 + q \times 2 \times 3 + M}{4} = \frac{-4 \times 1 + 1.5 \times 2 \times 3 + 3}{4} = 2 \text{(kN)}$$

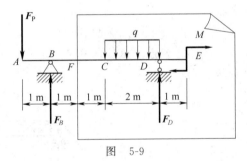

图 5-9

(2)求截面的内力。截面 C 的内力,可由截面 C 以左的外力直接写出。

$$F_{QC} = -F_P + F_B = -4 + 5 = 1 \text{(kN)}$$

$$M_C = F_B \times 1 - F_P \times 2 = 5 \times 1 - 4 \times 2 = -3 \text{(kN·m)}$$

截面 D 左侧的内力,可由截面 D 左侧以右的外力直接写出。

$$F_{QD左} = -F_D = -2 \text{ kN}$$

$$M_{D左} = -M = -3 \text{ kN·m}$$

也可由截面 D 左侧以左的外力直接写出。

$$F_{QD左} = F_B - F_P - q \times 2 = 5 - 4 - 1.5 \times 2 = -2 \text{(kN)}$$

$$M_{D左} = F_B \times 4 - F_P \times 5 - q \times 2 \times 1$$

$$= 5 \times 4 - 4 \times 5 - 1.5 \times 2 \times 1 = -3 \text{(kN·m)}$$

5.3 梁的内力图

一般情况下,梁在不同横截面上的内力值也不同,在计算梁的强度、刚度时,需要知道最大剪力、弯矩值及所在截面位置，为此，要了解内力在全梁范围内的变化情况。常用两种方式表达：内力方程和内力图。

1. 用内力方程画剪力图和弯矩图

内力方程就是反映的内力随杆长 x 值变化的方程，它包括建立方程和弯矩方程，依据内力与 x 的函数关系建立的函数图像就是梁的内力图，它分为剪力图和弯矩图。

【例 5-3】 一悬臂梁在自由端上作用荷载 F_P，如图 5-10 所示，试作该梁的剪力图和弯矩图。

【解】 （1）取坐标原点在自由端 A，取离 A 点距离 x 的 m-m 截面，分别列出其剪力方程和弯矩方程。

$$F_Q(x) = -F_P \qquad (0 \leqslant x \leqslant l)$$
$$M_{(x)} = -F_P \cdot x \qquad (0 \leqslant x \leqslant l)$$

（2）分别作剪力图和弯矩图。

① 剪力图。由剪力方程可知，$F_Q(x)$ 为常数，表明在梁的所有截面上剪力均相等，其值为 $-F_P$，所以剪力图是一段平行 x 轴的直线，应画在 x 轴的下方，并在剪力图中标出剪力的正负号[图 5-10(b)]。

② 弯矩图。由弯矩方程可知，$M_{(x)}$ 是 x 的一次函数，表明弯矩图为一斜直线，只需确定直线上两个点，就可以画出直线，即

$$当 x=0 \text{ 时}, \quad M_A = 0$$
$$当 x=l \text{ 时}, \quad M_B = -F_P \cdot l$$

其弯矩图如图 5-10(c)所示。

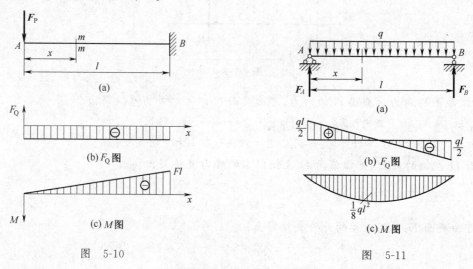

图　5-10

图　5-11

用同样的方法，可建立简支梁在均布荷载作用下的剪力方程和弯矩方程，进而根据函数关系作出其内力图（图 5-11）

2. 梁的剪力图和弯矩图的规律

（1）直梁在简单荷载作用下的剪力图和弯矩图的特征

现将直梁在简单荷载作用下剪力图和弯矩图的特征列表如下（表 5-1）。熟记这些梁的剪力图和弯矩图的图形，对今后的学习和工作会带来很大的帮助。

表 5-1　直梁在简单荷载作用下的剪力图和弯矩图

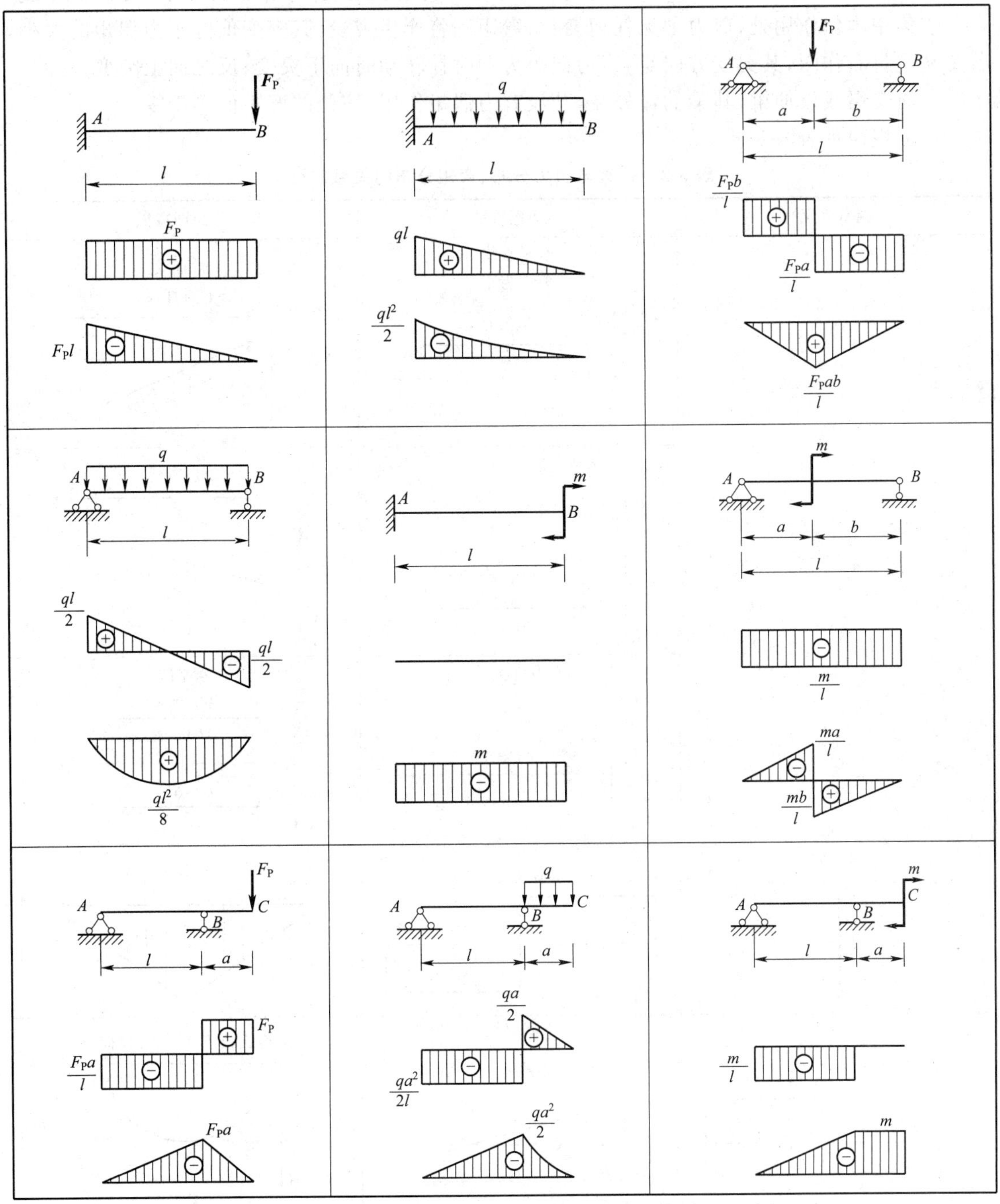

（2）梁的剪力图和弯矩图的规律

从表 5-1 中，我们不难得出剪力图和弯矩图有以下规律：

①梁无荷载段，剪力图为一水平线，弯矩图为一斜直线。若是从左自右作图是：当剪力为正时，弯矩图为下斜直线；当剪力为负时，弯矩图为上斜直线。

②集中力作用点，剪力图将产生突变，其突变值等于集中力的大小，若是从左自右作图是：突变方向与力的方向一致，而弯矩图在该点产生折角。

③均布荷载作用段,剪力图为斜直线;弯矩图为抛物线,其抛物线的顶点在剪力等于零的截面处。

④集中力偶作用处,剪力图无任何变化;弯矩图将产生突变,其突变值等于力偶矩的大小,若是从左自右作图,其突变方向是:当力偶矩为顺时针转动时向下突变;反之向上突变。

⑤简支梁或外伸梁,其梁的最外端,若没有力偶矩作用,该处的弯矩值等于零。

以上规律见表 5-2。

表 5-2　荷载与剪力分布、弯矩分布的关系特征

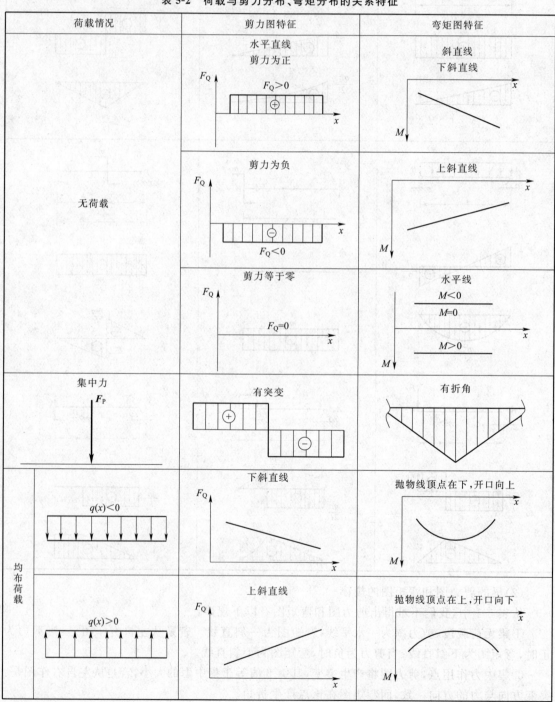

续上表

荷载情况	剪力图特征	弯矩图特征
集中力偶矩（逆时针转向）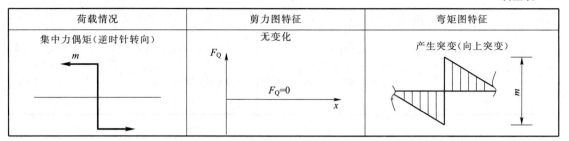	无变化　　$F_Q=0$	产生突变（向上突变）

【例5-4】　有一简支梁，受如图5-12(a)所示的荷载作用，试作该梁的剪力图和弯矩图。

【解】　(1)计算简支梁 A、B 的支座反力

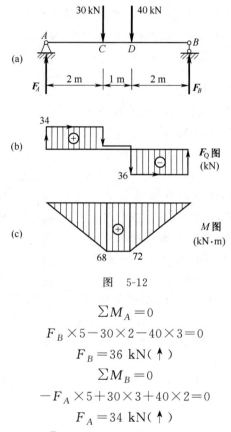

图　5-12

$$\sum M_A = 0$$
$$F_B \times 5 - 30 \times 2 - 40 \times 3 = 0$$
$$F_B = 36 \text{ kN}(\uparrow)$$
$$\sum M_B = 0$$
$$-F_A \times 5 + 30 \times 3 + 40 \times 2 = 0$$
$$F_A = 34 \text{ kN}(\uparrow)$$

(2)作梁的剪力图[图5-12(b)]。

作图过程见表5-3。

表　5-3

路径	A 点	AC 段	C 点	CD 段	D 点	DB 段	B 点
荷载	$F_A=34$ kN （↑）	$q=0$	30 kN 力 （↓）	$q=0$	40 kN 力 （↓）	$q=0$	$F_B=36$ kN （↑）
F_Q 图	34 kN ↑ 0	→	34 kN ↓ 4 kN	→	4 kN ↓ −36 kN	→	0 ↑ −36 kN

续上表

路径	A 点	AC 段	C 点	CD 段	D 点	DB 段	B 点
F_Q 计算	$F_{QA右}=34$ kN	34 kN	$F_{QC右}$ $=F_{QA右}-30$ kN $=34$ kN-30 kN $=4$ kN	4 kN	$F_{QD右}$ $=F_{QC右}-40$ kN $=4$ kN-40 kN $=-36$ kN	-36 kN	$F_{QB右}$ $=F_{QD右}+F_B$ $=-36$ kN$+36$ kN $=0$

(3)作梁的弯矩图

根据弯矩的计算规律,求出梁中 A、C、D、B 点的弯矩值。

$$\begin{cases} M_A=0 \\ M_C=F_A\times2=34\times2=68(\text{kN}\cdot\text{m}) \\ M_D=F_B\times2=36\times2=72(\text{kN}\cdot\text{m}) \\ M_B=0 \end{cases}$$

再根据弯矩图的规律作出弯矩图。

AC 段:该段没有荷载作用,又因 AC 段的剪力为正值,该段弯矩图为下斜直线,A 点的弯矩值等于零,因而把 C 点的弯矩值标在基线的下方,连直线即可。

DB 段:该段没有荷载作用,又因 DB 段的剪力为负值,该段弯矩图为上斜直线,B 点的弯矩值等于零,因而把 D 点的弯矩值标在基线的下方,连直线即可。

CD 段:该段没有荷载作用,由于前面已经把 C、D 点的弯矩值标在了弯矩图中,只需把这两点连一直线,就得到了梁的弯矩图,如图 5-12(c)所示。

【例 5-5】　如图 5-13(a)所示外伸梁,试作梁的剪力图和弯矩图。

【解】　(1)计算简支梁 A、B 的支座反力

$$\sum M_A=0$$
$$F_B\times4-30\times2+20\times2\times1=0$$
$$F_B=5 \text{ kN}(\uparrow)$$
$$\sum M_B=0$$
$$-F_A\times4+30\times2+20\times2\times5=0$$
$$F_A=65 \text{ kN}(\uparrow)$$

(2)作梁的剪力图[图 5-13(b)]。

作图过程见表 5-4。

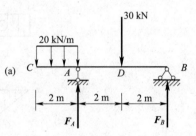
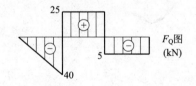
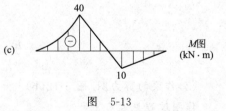

图　5-13

表　5-4

路径	C 点	CA 段	A 点	AD 段	D 点	DB 段	B 点
荷载		$q=20\text{kN/m}$ $(\downarrow)$	$F_A=65\text{kN}$ $(\uparrow)$	$q=0$	30 kN 力 $(\downarrow)$	$q=0$	$F_B=5 \text{ kN}$ $(\uparrow)$

续上表

路径	C 点	CA 段	A 点	AD 段	D 点	DB 段	B 点
F_Q 图	0	0 ↘ -40 kN	25 kN ↑ -40 kN	→	25 kN ↓ -30 kN	→	0 ↑ -5 kN
F_Q 计算	$F_{QC}=0$	$F_{QA左}$ $=F_{QC}-20\times2$ $=0-40$ kN $=-40$ kN	$F_{QA右}$ $=F_{QA左}+F_B$ $=-40$ kN$+65$ kN $=25$ kN	25 kN	$F_{QD右}$ $=F_{QC右}-30$ kN $=25$ kN-30 kN $=-5$ kN	-5 kN	$F_{QB右}$ $=F_{QD右}+F_B$ $=-5$ kN$+5$ kN $=0$

（3）作梁的弯矩图

根据弯矩的计算规律，求出梁中 C、A、D、B 点的弯矩值。

$$\begin{cases} M_C=0 \\ M_A=-20\times2\times1=-40(\text{kN}\cdot\text{m}) \\ M_D=F_B\times2=5\times2=10(\text{kN}\cdot\text{m}) \\ M_B=0 \end{cases}$$

再根据弯矩图的规律作出弯矩图。

CA 段：该段有均布荷载作用，因而为一抛物线，A 点的弯矩等于-40 kN·m，标在图上，再将 C 点的弯矩等于零，须再找出第三点的弯矩值标在图上，但 C 点的剪力值为零，也是抛物线的顶点，因此，我们就可以得出它是一个半抛物线，所以就用下凹曲线连接即可。

DB 段：由于该段没有荷载作用，又因 DB 段的剪力为负值，该段弯矩图为上斜直线，B 点的弯矩值等于零，因而把 D 点的弯矩值标在基线的下方，用直线连接即可。

AD 段：该段没有荷载作用，由于前面已经把 A、D 点的弯矩画在了弯矩图中，只需把这两点连一直线，就可得到该梁的弯矩图，如图 5-13（c）所示。

【例 5-6】　如图 5-14（a）所示简支梁，试作该梁的剪力图和弯矩图。

【解】　① 计算简支梁 A、B 的支座反力

$$\sum M_A=0$$
$$F_B\times3+10-35\times2=0$$
$$F_B=20\text{ kN}(\uparrow)$$
$$\sum M_B=0$$
$$-F_A\times3+35\times1+10=0$$
$$F_A=15\text{ kN}(\uparrow)$$

② 作梁的剪力图[图 5-14（b）]。

作图过程见表 5-5。

表　5-5

路径	A 点	AC 段	C 点	CD 段	D 点	DB 段	B 点
荷载	$F_A=15$ kN （↑）	$q=0$	为力偶矩 作用	$q=0$	35 kN 力 （↓）	$q=0$	$F_B=20$ kN （↑）
F_Q 图	15 kN ↑ 0	→	剪力图无变化	→	15 kN ↓ -20 kN	→	0 ↑ -20 kN
F_Q 计算	$F_{QA右}=15$ kN	15 kN	$F_{QC右}=F_{QA右}$ $=15$ kN	15 kN	$F_{QD右}=F_{QC右}-$ 35 kN$=15$ kN$-$ 35 kN$=-20$ kN	-20 kN	$F_{QB右}$ $=F_{QD右}+F_B$ $=-20$ kN$+20$ kN $=0$

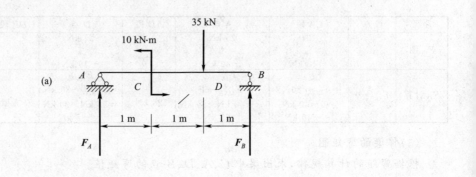

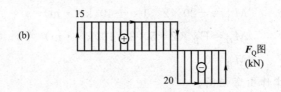

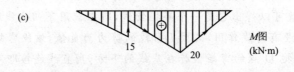

图　5-14

（3）作梁的弯矩图

根据弯矩的计算规律，求出梁中 A、C、D、B 点的弯矩值。

$$\begin{cases} M_A = 0 \\ M_{C左} = F_A \times 1 = 15 \times 1 = 15 (\text{kN} \cdot \text{m}) \\ M_D = F_B \times 2 = 20 \times 1 = 20 (\text{kN} \cdot \text{m}) \\ M_B = 0 \end{cases}$$

再根据弯矩图的规律作出弯矩图。步骤如下：

①AC 段：该段没有荷载作用，又因 AC 段的剪力为正值，该段弯矩图为下斜直线，A 点的弯矩值等于零，因而把 C 点左边的弯矩值标在基线的下方，连直线即可。

②C 点：在该点有一逆时针作用的力偶矩，弯矩图将产生突变，因此只需在已标出的 C 点左边的弯矩值的基础上，往上画 10 kN·m 线段，就得到 C 点右边的弯矩值，即

$$M_{C右} = M_{C左} - 10 = 15 - 10 = 5 (\text{kN} \cdot \text{m})$$

③DB 段：该段没有荷载作用，又因 DB 段的剪力为负值，该段弯矩图为上斜直线，B 点的弯矩值等于零，因而把 D 点的弯矩值标在基线的下方，连直线即可。

④CD 段：该段没有荷载作用，由于前面已经把 C 左、D 点的弯矩值标在了弯矩图中，只需把这两点连一直线，就得到了梁的弯矩图，如图 5-14(c) 所示。

5.4 平面图形的几何性质

5.4.1 形心和形心坐标公式

1. 形心

平面图形的形心就是几何中心。对于简单图形形心的确定方法如下。

(1)平面图形具有两根对称轴时,对称轴的交点就是形心,如图 5-15 所示。

(2)只有一个对称的平面图形,其形心一定在对称轴上,具体的位置需要计算才能确定,如图 5-16 所示的 T 形图形。

2. 形心坐标公式

土木工程中常用构件的截面形状,除简单的平面图形,一般都可以分解成几个简单平面图形的组合,习惯上叫组合图形。例如图 5-17 中的 T 形截面,可视为两个矩形的组合。若两个矩形的面积是 A_1、A_2,它们到某个坐标 z 的形心坐标分别为 y_1、y_2。

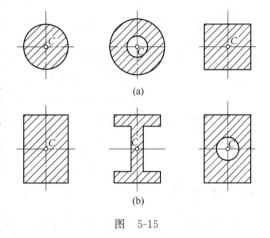

图 5-15

若将面积视为垂直与图形平面的力,则形心为合力的作用点,根据合力矩定理,可得组合图形的面积 A 与其形心到某一坐标轴的距离 y_C 的乘积,等于两个矩形的面积 A_1、A_2 分别与其到 z 轴的距离 y_1、y_2 乘积,即

$$A \times y_C = A_1 \times y_1 + A_2 \times y_2$$

得

$$y_C = \frac{A_1 y_1 + A_2 y_2}{A}$$

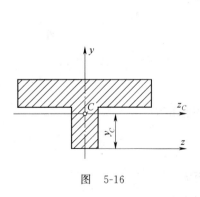

图 5-16

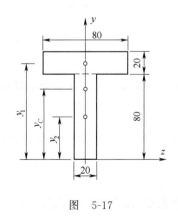

图 5-17

其中,当组合图形划分为若干个简单平面图形时,则有

$$y_C = \frac{\sum A_i y_i}{A} \tag{5-1}$$

式中 A——组合截面的全面积；

　　y_C——组合截面对 z 轴的形心坐标；

　　A_i——组合截面中各部分的截面面积；

　　y_i——各部分面积对 z 轴的形心坐标。

同理可得

$$z_C = \frac{\sum A_i z_i}{A} \tag{5-2}$$

【例 5-7】 试计算图 5-17 所示 T 形截面对 z 轴的形心坐标 y_C。

【解】 将 T 形截面划分为两个矩形 A_1、A_2，它们的面积和对 z 轴的形心坐标分别是

$$A_1 = 20 \times 80 = 1\ 600 (\text{mm}^2), \quad y_1 = 90\ \text{mm}$$

$$A_2 = 20 \times 80 = 1\ 600 (\text{mm}^2), \quad y_2 = 40\ \text{mm}$$

T 形截面对 z 轴的形心坐标 y_C 按式(5-1)计算,有

$$y_C = \frac{\sum A_i y_i}{A} = \frac{1\ 600 \times 90 + 1\ 600 \times 40}{1\ 600 + 1\ 600} = 65 (\text{mm})$$

5.4.2 惯 性 矩

把平面图形分成无数多个微小面积,用每一块微小面积乘以其形心到某一坐标轴距离的平方,再把这些乘积叠加起来,这个值就叫做平面图形对该轴的惯性矩,惯性矩用符号 I_z 表示(下标是指对 z 轴的惯性矩),单位是长度的四次方,常用 m^4 或 mm^4,也可用 cm^4。在这里只引用几种常用于平面图形的惯性矩计算公式供使用。

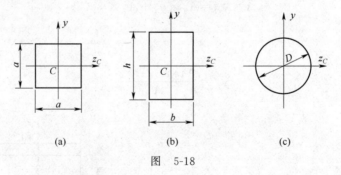

图 5-18

正方形[图 5-18(a)]对 z 轴的惯性矩为

$$I_z = \frac{a^4}{12} \tag{5-3}$$

矩形[图 5-18(b)],宽度为 b,高度为 h,对 z 轴的惯性矩为

$$I_z = \frac{bh^3}{12} \tag{5-4}$$

圆形截面[图 5-18(c)],直径为 D,对 z 轴的惯性矩为

$$I_z = \frac{\pi D^4}{64} \tag{5-5}$$

由惯性矩的定义可知:平面图形对任一轴的惯性矩值恒为正值;同一平面图形对不同位置的坐标轴惯性矩不同。

5.4.3 惯性矩的平行移轴公式

设一矩形,z_C轴通过形心C且平行与底边,z_1轴与z_C轴平行,距z_C轴距离为a,如图5-19所示,则

$$I_{z_1} = I_{z_C} + A \times a^2 \tag{5-6}$$

它表明:平面图形对任一轴的惯性矩等于平面图形对平行于该轴的惯性矩中,以对形心轴的惯性矩为最小。

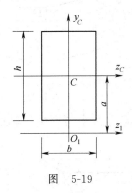

图 5-19

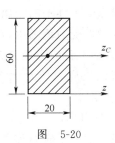

图 5-20

【例 5-8】 试计算图 5-20 所示矩形截面对 z 轴的惯性矩。

【解】 计算矩形截面的形心轴惯性矩。

$$I_{z_C} = \frac{bh^3}{12} = \frac{20 \times 60^3}{12} = 36 \times 10^4 (\mathrm{mm}^4)$$

利用平行移轴公式计算矩形截面对 z 轴的惯性矩。

$$I_z = I_{z_C} + A \times a^2 = 36 \times 10^4 + 20 \times 60 \times 30^2 = 144 \times 10^4 (\mathrm{mm}^4)$$

5.5 梁的正应力及强度条件

由内力计算知道,梁的横截面上有剪力和弯矩两种内力,剪力是与横截面相切的内力,它是横截面上切应力合力。弯矩是力偶矩,它只能由横截面上的正应力 σ 组成。就是说:横截面上同时存在正应力和切应力,并分别与该横截面上的弯矩和剪力有关,而梁的正应力是影响梁强度的主要因素,下面将着重讨论。

5.5.1 弯曲正应力

1. 梁的正应力分布规律

为了解正应力在横截面上的分布情况,可先观察梁的变形。取一根矩形截面梁,在梁的表面上画与梁轴线平行的纵向线及垂直于梁轴线的横向线[图 5-21(a)]构成许多小方块,然后,使梁发生弯曲变形[图 5-21(b)]即可观察以下现象:

(1)纵向线弯成曲线,梁的下部纵线伸长,上部纵线缩短。

(2)横向线仍保持为直线,只是相对转动了一个角度,但仍垂直于弯成曲线的纵线,因此,

我们可作出如下的分析和假设。

①梁的横截面在弯曲前是平面,在弯曲后仍为平面,并仍垂直于弯曲后的梁轴线。

②纵向线的伸长与缩短,表明了梁内各层分别受到纵向拉伸和压缩。由梁的下部受拉逐渐过渡到梁的上部受压,于是,梁内必定有一个不伸长也不缩短的层,这层称为中性层,中性层与横截面的交线称为中性轴[图5-21(c)]。中性层通过截面的形心并与竖向对称轴垂直。由此可知:梁弯曲时,各横截面绕中性轴做微小的转动,使梁发生了纵向伸长或缩短,而中性轴上的各点变形为零,距中性轴最远的上、下边缘变形最大,其余各点的变形与该点到中性轴的距离成正比。

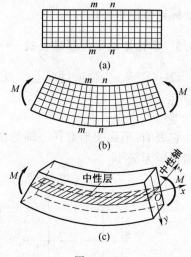

图　5-21

在材料的弹性受力范围内,正应力与纵向应变成正比。可见,横截面上正应力的分布规律与各点的变形一样:上、下边缘的点应力最大,中性轴上为零,其余各点的正应力大小与到中性轴的距离成正比,如图5-22所示。

2. 梁的正应力计算

根据梁横截面上正应力分布规律,可得梁横截面上任一点的正应力计算公式为

$$\sigma = \frac{M \cdot y}{I_z} \tag{5-7}$$

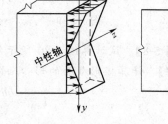

式中　M——截面上的弯矩;

　　　y——所求应力点到中性轴的距离;

　　　I_z——截面对中性轴的惯性矩。

图　5-22

用式(5-7)计算梁的正应力时,弯矩 M 与某点至中性轴的距离 y 均以绝对值代入,而正应力的正负号则由梁的变形判定:以中性轴为界,梁变形后的凸出边是拉应力为正号;凹入边是压应力取负号。

若截面为简单平面图形,如矩形、正方形、圆形的惯性矩见表4-1;若截面为型钢,如工字钢、角钢、槽钢,其惯性矩的大小请查型钢表,见附录 A 型钢规格表。

【例 5-9】　简支梁受均布荷载作用,$q = 8$ kN/m,梁为矩形截面,$b = 200$ mm,$h = 300$ mm,跨度 $l = 8$ m。试计算跨中截面上 a、b、c 三点的正应力[图5-23(a)]。

【解】　(1)画出梁的弯矩图如图5-23(b)所示,跨中弯矩

$$M = \frac{1}{8}ql^2 = \frac{1}{8} \times 8 \times 8^2 = 64 \text{(kN · m)}$$

(2)计算正应力:用式(5-7)计算各点的正应力。先查表4-1计算截面的惯性矩

$$I_z = \frac{bh^3}{12} = \frac{200 \times 300^3}{12} = 450 \times 10^6 \text{(mm}^4)$$

各点到中性轴的距离分别为

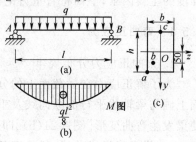

图　5-23

$$y_a = 150 \text{ mm} \qquad y_b = 50 \text{ mm} \qquad y_c = 150 \text{ mm}$$

截面上各指定点的正应力

$$\sigma_a = \frac{M \cdot y_a}{I_z} = \frac{64 \times 10^6 \times 150}{450 \times 10^6} = 21.33 \text{(MPa)} \quad （拉应力）$$

$$\sigma_b = \frac{M \cdot y_b}{I_z} = \frac{64 \times 10^6 \times 50}{450 \times 10^6} = 7.11 \text{(MPa)} \quad （拉应力）$$

$$\sigma_c = -\frac{M \cdot y_c}{I_z} = -\frac{64 \times 10^6 \times 150}{450 \times 10^6} = -21.33 \text{(MPa)} \quad （压应力）$$

5.5.2　弯曲正应力强度条件

等截面梁弯曲变形时,产生的最大弯矩 $M_{\max}$ 所在的横截面是危险截面,该截面上距中性轴最远的点是危险点,即

$$\sigma_{\max} = \frac{M_{\max}}{I_z} \cdot y_{\max} = \frac{M_{\max}}{\dfrac{I_z}{y_{\max}}}$$

式中,$I_z / y_{\max}$ 是一个仅与截面的几何尺寸有关的量,称为弯曲截面系数,用 W_z 表示,是衡量截面抗弯能力的一个几何量。于是,正应力最大值可写成

$$\sigma_{\max} = \frac{M_{\max}}{W_z} \tag{5-8}$$

式(5-8)中常见平面图形(图 5-24)的弯曲截面系数 W_z 分别为

矩形截面

$$W_z = \frac{bh^2}{6}$$

圆形截面

$$W_z = \frac{\pi D^3}{32}$$

正方形截面

$$W_z = \frac{a^3}{6}$$

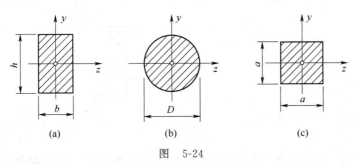

图　5-24

弯曲截面系数是衡量截面抗弯能力的一个几何量,常用单位是 m^3 或 mm^3。

对于拉伸与压缩强度极限不等的材料,则要求梁的最大拉应力 $\sigma_{\max}^+$ 不超过材料的许用拉应力 $[\sigma^+]$,最大压应力不超过材料的许用压应力 $[\sigma^-]$。即

$$\sigma_{\max}^+ \leqslant [\sigma^+], \sigma_{\max}^- \leqslant [\sigma^-] \tag{5-9}$$

根据强度条件可解决有关强度方面的三类问题。

1. 强度校核

在已知梁的材料、荷载及截面尺寸的情况下,进行梁的强度校核。

$$\sigma_{\max} = \frac{M_{\max}}{W_z} \leqslant [\sigma]$$

【例 5-10】 某简支木梁的跨长 $l=4$ m,其横截面为矩形截面,尺寸分别为:$b=160$ mm,$h=250$ mm,梁上作用均布荷载 $q=8$ kN/m,木材弯曲时的许用正应力 $[\sigma]=10$ MPa[图 5-25(a)]。试校核梁的正应力强度。

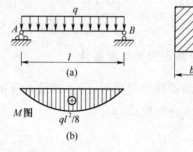

图　5-25

【解】 (1)绘制梁的弯矩图[图 5-25(b)],最大弯矩发生在跨中截面,其值为

$$M_{\max} = \frac{ql^2}{8} = \frac{8 \times 4^2}{8} = 16 (\text{kN} \cdot \text{m})$$

(2)进行梁的强度校核

$$\sigma_{\max} = \frac{M_{\max}}{W_z} = \frac{M_{\max}}{\dfrac{bh^2}{6}} = \frac{6 \times 16 \times 10^6}{160 \times 250^2} = 9.6 (\text{MPa}) < [\sigma]$$

该梁满足正应力强度要求。

【例 5-11】 如图 5-26(a)所示 T 形截面外伸梁。已知中性轴的惯性矩 $I_z = 40.3 \times 10^6$ mm^4,$y_1 = 61$ mm,$y_2 = 139$ mm,材料的许用拉应力 $[\sigma^+] = 32$ MPa,许用压应力 $[\sigma^-] = 70$ MPa。试校核梁的正应力强度。

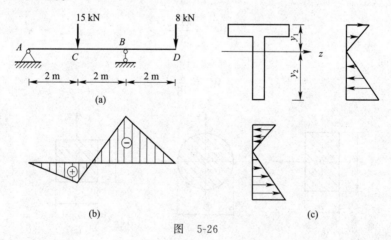

图　5-26

【解】 (1)绘制梁的弯矩图[图 5-26(b)],可见 B 截面有最大负弯矩值,C 截面有最大正弯矩值。

(2)强度校核

B 截面的最大拉应力在上边缘点处,最大压应力在下边缘点处,其值为

$$\sigma_{\max}^{+} = \frac{M_B}{I_{z_C}} \cdot y_1 = \frac{16 \times 10^6}{40.3 \times 10^6} \times 61 = 24.2(\text{MPa}) < [\sigma^+]$$

$$\sigma_{\max}^{-} = \frac{M_B}{I_{z_C}} \cdot y_2 = \frac{16 \times 10^6}{40.3 \times 10^6} \times 139 = 55.2(\text{MPa}) < [\sigma^-]$$

C 截面的最大拉应力在下边缘点处,最大压应力在上边缘点处,其值为

$$\sigma_{\max}^{+} = \frac{M_C}{I_{z_C}} \cdot y_2 = \frac{7 \times 10^6}{40.3 \times 10^6} \times 139 = 24.1(\text{MPa}) < [\sigma^+]$$

$$\sigma_{\max}^{-} = \frac{M_C}{I_{z_C}} \cdot y_1 = \frac{7 \times 10^6}{40.3 \times 10^6} \times 61 = 10.6(\text{MPa}) < [\sigma^-]$$

该梁的最大拉应力和最大压应力均满足强度要求。

正应力分布图如图 5-26(c)所示。

由此例可见,对于中性轴不是对称轴的截面,最大正应力不是发生在弯矩绝对值最大的截面上,这类梁的校核应同时考虑梁的最大正弯矩和最大负弯矩所在的截面的强度。

2. 设计截面

在已知梁的材料及荷载的情况下,可根据强度条件确定弯曲截面系数。

$$W_z \geqslant \frac{M_{\max}}{[\sigma]}$$

再根据梁的截面形状确定梁横截面的具体尺寸。

【例 5-12】 一简支梁受两个集中力作用,如图 5-27(a)所示。已知 $F_{P1} = 10$ kN,$F_{P2} = 50$ kN。梁由两根工字钢组成,材料的许用应力 $[\sigma] = 170$ MPa,试选择工字钢的型号。

【解】 (1)确定最大弯矩

由梁的平衡方程求得梁的支座反力为

$$F_A = 26 \text{ kN}(\uparrow), F_B = 34 \text{ kN}(\uparrow)$$

画出梁的弯矩图[图 5-27(b)]。由图可见最大弯矩发生在 D 截面,且

$$M_{\max} = 136 \text{ kN} \cdot \text{m}$$

(2)计算弯曲截面系数(即每根工字钢所需的 W_z 值)

$$W_z \geqslant \frac{M_{\max}}{[\sigma]} = \frac{136 \times 10^6}{2 \times 170} = 400 \times 10^3 = 400(\text{cm}^3)$$

(3)选择工字钢型号

由型钢表查得 25a 工字钢的 $W_z = 401.88 \text{ cm}^3$,略大于所需的 W_z,故采用两根 25a 工字钢。

3. 确定许可荷载

已知梁的材料及截面尺寸,根据强度条件计算梁所能承受的最大弯矩

$$M_{\max} = W_z \cdot [\sigma]$$

然后由 $M_{\max}$ 与荷载间的关系计算出许可荷载值。

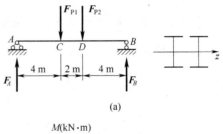

(a)

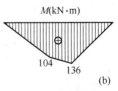

(b)

图 5-27

【例 5-13】 如图 5-28 中的简支梁，横截面为 N_O. 20a 工字钢，其跨读 $l = 5$ m，跨中受集中荷载 F_P 作用。已知许用应力 $[\sigma] = 170$ MPa，不计梁的自重，试计算许可荷载 $[F_P]$。

【解】 （1）计算最大弯矩 M_{max}

$$M_{max} \leqslant W_z \cdot [\sigma]$$

由型钢表查得 N_O. 20a 工字钢的弯曲截面系数 $W_z = 237$ cm³，因此

$$M_{max} \leqslant 237 \times 10^3 \times 170 = 40.3 \times 10^6 = 40.3 (kN \cdot m)$$

（2）计算许可荷载 $[F_P]$

$$\frac{[F_P] \cdot l}{4} \leqslant 40.3$$

$$[F_P] = \frac{4 \times 40.3}{5} = 32.2 (kN)$$

所以梁能承受的许可荷载：$[F_P] = 32.2$ kN。

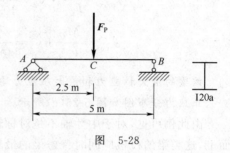

图 5-28

5.5.3 提高梁弯曲强度的措施

在一般情况下，梁的弯曲强度是由正应力决定的。

由正应力强度条件

$$\sigma_{max} = \frac{M_{max}}{W_z} \leqslant [\sigma]$$

可知，梁横截面上的最大正应力与最大弯矩成正比，与弯曲截面系数成反比。所以提高梁的弯曲强度主要从提高 W_z 和降低 M 这两方面着手。

1. 选择合理的截面形状

梁所能承受的弯矩与弯曲截面系数 W_z 成反比，而用料的多少又与截面面积 A 成正比，合理的截面形状是用较小的面积取得较大的弯曲截面系数，也就是说 $\frac{W_z}{A}$ 比值大的截面经济合理。

下面对高度相同，但形状不同的截面的 $\frac{W_z}{A}$ 值作一比较

直径为 h 的圆形截面

$$\frac{W_z}{A} = \frac{\frac{\pi h^3}{32}}{\frac{\pi h^2}{4}} = 0.125h$$

高为 h，宽为 b 的矩形截面

$$\frac{W_z}{A} = \frac{\frac{bh^2}{6}}{bh} = 0.167h$$

高为 h 的槽钢与工字钢截面

$$\frac{W_z}{A} = (0.27 \sim 0.31)h$$

可见工字钢、槽形截面比矩形截面合理，矩形截面比圆形截面合理。

截面形状的合理性可以从正应力分布规律表明。弯曲正应力沿截面高度呈直线规律分布，在中性轴附近正应力很小，这部分材料没有得到充分利用。如果把中性轴附近的材料尽量减少，而把大部分材料布置在距中性轴远处，则截面就比较合理。所以，在工程中常采用工字

形、圆环形、箱形(图 5-29)等截面形式。建筑中常用的空心板也是根据这个道理制成的。

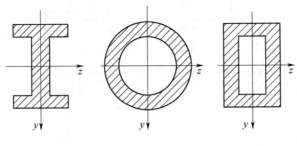

图　5-29

由于脆性材料的抗拉和抗压的能力不同,最好选择上、下不对称的截面,如 T 字形截面。使截面受拉、受压的边缘到中性轴的距离与材料的抗拉、抗压的许用应力成正比(图 5-30)。

$$\frac{y^+}{y^-} = \frac{[\sigma^+]}{[\sigma^-]}$$

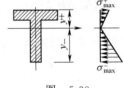

图　5-30

这样,截面上的最大拉应力和最大压应力将同时达到许用应力。

2. 合理安排梁的受力情况,降低弯矩最大值

(1)合理布置梁的支座

以简支梁受均布荷载作用为例[图 5-31(a)],跨中最大弯矩

$$M_{\max} = \frac{1}{8}ql^2 = 0.125ql^2$$

若将两端支座各向中间移动 $0.2l$[图 5-31(b)],则最大弯矩将减小为

$$M_{\max} = \frac{1}{40}ql^2 = 0.025ql^2$$

仅是前者的 $\frac{1}{5}$,梁的截面尺寸就可大大减小。

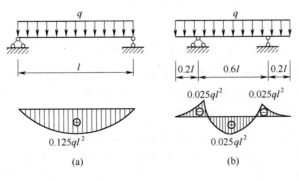

图　5-31

(2)适当增加梁的支座

增加支座可使梁的跨度减小,则最大弯矩也随之减小。

(3)合理改变荷载的分布

在可能条件下,将集中荷载分散布置,可以降低梁的最大弯矩。例如图 5-32(a)中的简支

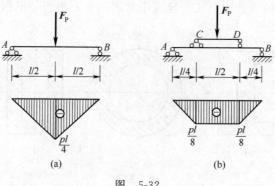

图　5-32

梁在跨中受一集中力 F_P 作用，其 $M_{max} = \dfrac{1}{4} F_P \cdot l$，若在 AB 上安置一根短梁 CD〔图 5-32

（b）〕，则梁 AB 的 $M_{max} = \dfrac{1}{8} F_P \cdot l$，只有原来的 $\dfrac{1}{2}$。又如将集中力 ql 分散为均布荷载 q（图

5-33），其最大弯矩从 $\dfrac{1}{4} ql^2$ 降低为 $\dfrac{1}{8} ql^2$。

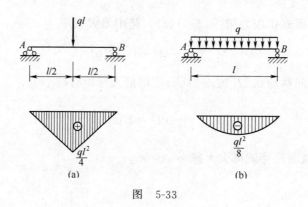

图　5-33

3. 采用变截面梁

等截面梁的强度计算是根据危险截面上的最大弯矩值来确定截面尺寸的。而梁的其他截面上，弯矩值都小于最大弯矩。所以对非危险截面而言，工作应力远小于材料的许用应力。为了充分发挥材料的潜力，应按各截面的弯矩来确定梁的截面尺寸，即梁截面尺寸沿梁长是变化的，这样的梁就是变截面梁。理想的情况是：每一个截面上的最大正应力都刚好等于材料的许用应力，即

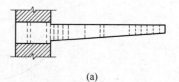

(a)

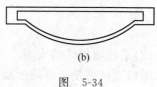

(b)

$$\sigma = \frac{M}{W_z} = [\sigma]$$

这样的梁也叫做等强度梁。从强度观点看，等强度梁是理想的，但因其截面变化较大，加工较困难。工程上常采用

图　5-34

形状较简单而接近等强度梁的变截面梁，例如阳台、雨棚的挑梁、鱼腹式吊车梁等（图 5-34）。

5.6 梁弯曲时的变形及其刚度计算

梁在外力作用下会产生弯曲变形,如果弯曲变形过大,会影响结构的正常工作。例如桥梁的变形过大,在车辆通过时会引起很大振动,影响车辆的正常通过。

5.6.1 挠度和转角

梁在荷载的作用下发生平面弯曲时,梁轴线由直线被弯曲成一条光滑的曲线,这条曲线称为梁的弹性曲线或挠曲线。

发生弯曲变形的梁(图 5-35),每个横截面都发生了移动和转动。横截面形心在垂直于梁轴方向的位移叫挠度,用 f 表示,并规定向下为正;横截面绕中性轴转动的角度叫做转角,用 θ 表示,规定顺时针转向为正。

梁的挠度 f 和转角 θ 都随截面位置 x 的变化而变化,即挠度 f 和转角 θ 都分别是截面位置 x 的函数。

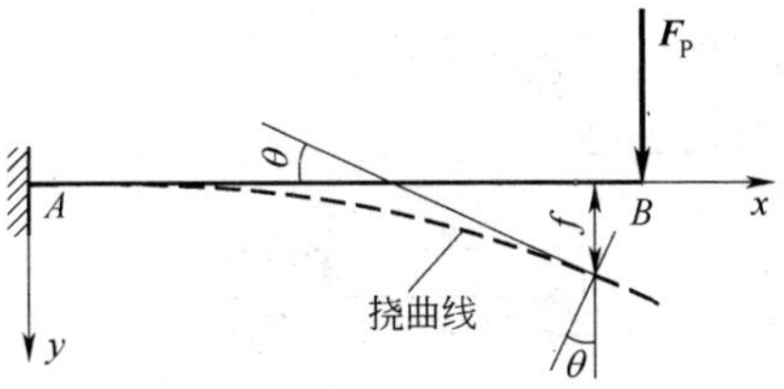

图 5-35

5.6.2 用叠加法计算梁的变形

对于梁在简单荷载作用下的变形,可直接通过表 5-6 查出,表中 E 是弹性模量,I 是截面对其中性轴的惯性矩,两者的乘积 EI,称为抗弯刚度。

表 5-6 梁在简单荷载作用下的挠度和转角

序号	支承和荷载情况	梁端转角	梁的最大挠度
1	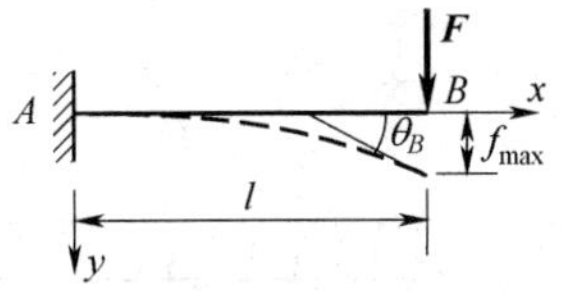	$\theta_B = \dfrac{Fl^2}{2EI}$	$f_{\max} = \dfrac{Fl^3}{3EI}$
2	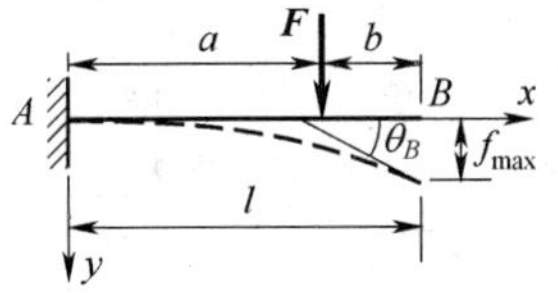	$\theta_B = \dfrac{Fa^2}{2EI}$	$f_{\max} = \dfrac{Fa^2}{6EI}(3l-a)$
3	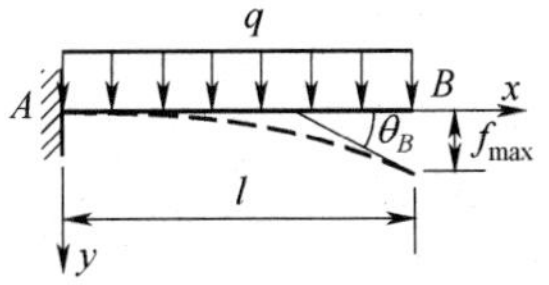	$\theta_B = \dfrac{ql^3}{6EI}$	$f_{\max} = \dfrac{ql^4}{8EI}$
4	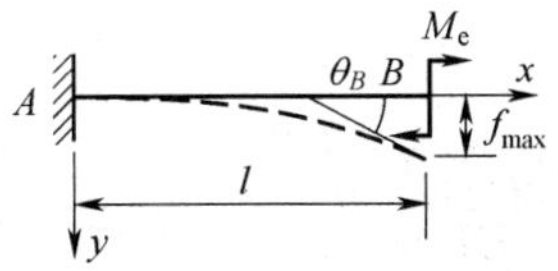	$\theta_B = \dfrac{Ml}{EI}$	$f_{\max} = \dfrac{Ml^2}{2EI}$

续上表

序号	支承和荷载情况	梁端转角	梁的最大挠度
5		$\theta_A = -\theta_B = \dfrac{Fl^2}{16EI}$	$f_C = f_{max} = \dfrac{Fl^3}{48EI}$
6		$\theta_A = -\theta_B = \dfrac{ql^3}{24EI}$	在 $x = \dfrac{l}{2}$ 处 $f_{max} = \dfrac{5ql^4}{384EI}$
7		$\theta_A = \dfrac{Fab(l+b)}{6lEI}$ $\theta_B = \dfrac{-Fab(l+a)}{6lEI}$	设 $a > b$, 在 $x = \dfrac{\sqrt{l^2-b^2}}{3}$ 处 $f_{max} = \dfrac{Fb}{9\sqrt{3}\,EI}(l^2-b^2)^{\frac{3}{2}}$
8		$\theta_A = \dfrac{Ml}{6EI}$ $\theta_B = -\dfrac{Ml}{3EI}$	在 $x = \dfrac{l}{2}$ 处 $f_{\frac{l}{2}} = \dfrac{Ml^2}{16EI}$

　　当梁上有几个或几种荷载同时作用时,利用表 5-6 中的公式分别计算每一个或每一种荷载单独作用下,梁同一截面的挠度值和转角值,然后再把它们的代数相加,就得到这些荷载共同作用下的挠度或转角。这种方法就称为叠加法。

　　【例 5-14】　简支梁受均布荷载及跨中受集中力 F_P 作用,如图 5-36(a)所示。已知 $F_P = ql$,试用叠加法求梁跨中截面的挠度 f。

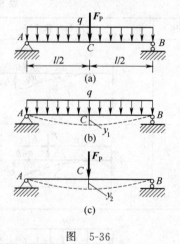

图　5-36

　　【解】　把梁上的复杂荷载分解为两种简单荷载,如图 5-36(b)、(c)所示。在均布荷载 q 单独作用下,梁跨中的挠度由查表 5-6 中查得

$$f_1 = \frac{5ql^4}{384EI}$$

　　梁在集中力 F_P 单独作用下,其跨中的挠度查表 5-6 得

$$f_2 = \frac{F_P \times l^3}{48EI} = \frac{ql^4}{48EI}$$

叠加以上结果,即可得梁的跨中截面的挠度为

$$f = f_1 + f_2 = \frac{5ql^4}{384EI} + \frac{ql^4}{48EI} = \frac{13ql^4}{384EI}$$

5.6.3 梁的刚度条件

梁的刚度条件就是用来检查梁在荷载作用下所产生的变形是否超过规定容许的范围，以防止影响梁的正常工作。在建筑工程中，通常只校核梁的最大挠度。

以 f_{max} 表示最大挠度，其容许值通常用挠度与跨长的比值 $\left[\dfrac{f}{l}\right]$ 作为标准，于是梁的刚度条件可写为

$$\frac{f_{max}}{l} \leqslant \left[\frac{f}{l}\right] \tag{5-10}$$

$\left[\dfrac{f}{l}\right]$ 值时随梁的工程用途的不同而不同的，国家在有关规范中有具体规定，一般限制在 $\left[\dfrac{f}{l}\right] = \dfrac{1}{1\ 000} - \dfrac{1}{200}$ 的范围内。

强度条件和刚度条件都是梁必须满足的，一般情况下，强度条件常起控制作用，由强度条件选择的梁，大多能满足刚度要求。因此，在设计梁时，一般是先用强度条件选择梁的截面，再用刚度条件进行校核。

【例 5-15】 在如图 5-37 所示的工字钢梁，选择工字钢的型号为 No.20b，材料的弹性模量 $E = 200 \times 10^3$ MPa，许用挠度 $\left[\dfrac{f}{l}\right] = \dfrac{1}{400}$，试校核梁的刚度。

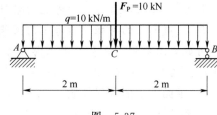

图 5-37

【解】 ①查型钢表，得工字钢的惯性矩为
$$I_z = 2\ 500 \text{ cm}^4$$

②该梁由两种荷载共同作用，需求梁的最大挠度，由表 5-2 中查得

$$f_q = \frac{5ql^4}{384EI} = \frac{5 \times 10 \times (4 \times 10^3)^4}{384 \times 200 \times 10^3 \times 2\ 500 \times 10^4} = 6.7(\text{mm})$$

$$f_F = \frac{F_P l^3}{48EI} = \frac{10 \times 10^3 \times (4 \times 10^3)^3}{48 \times 200 \times 10^3 \times 2\ 500 \times 10^4} = 2.7(\text{mm})$$

梁的最大挠度为
$$f_{max} = f_q + f_F = 9.4(\text{mm}) = 0.94(\text{cm})$$

$$\frac{f_{max}}{l} = \frac{0.94}{400} = \frac{1}{425} < \left[\frac{f}{l}\right] = \frac{1}{400}$$

经校核此梁满足刚度条件。

5.6.4 提高梁刚度的措施

根据表 5-6 可知梁的最大挠度与荷载、跨度 l、抗弯刚度 EI 等有关。即

$$f = 系数 \times 荷载 \times \frac{l^n}{EI}$$

要提高梁的刚度，就应从以下几个方面考虑：

1. 增大梁的抗弯刚度

从提高梁的刚度方面考虑,以弹性模量 E 的变低来选择材料。梁的变形与截面惯性矩成反比,设法增加截面惯性矩 I,在截面面积不变的情况下,采用合理的截面形状,例如工字钢、箱形和槽形等截面形式,从而使惯性矩 I 得到提高,减小挠度。

2. 减小梁的跨度

梁的挠度与梁跨度的 n 次幂成正比,设法减小梁的跨度,将会有效地减小梁的变形。

3. 改善荷载作用的情况

在结构允许的条件下,合理地调整荷载的位置及分布情况,以降低弯矩,从而减小梁的变形。如将集中荷载分散作用,甚至转化为分布荷载,就能起到降低跨中弯矩,从而减小变形的作用。

 ## 单元小结

一、平面弯曲时,梁横截面上有内力——剪力和弯矩

1. 剪力和弯矩的计算方法

截面上的剪力等于截面一侧梁段上所有外力沿截面方向投影的代数和。

截面上的弯矩等于截面一侧梁段上所有外力对截面形心力矩的代数和。

2. 剪力和弯矩的正负号规定

剪力:截面上的剪力使所考虑的梁段有顺时针方向的趋势时为正,反之为负。

弯矩:截面上的弯矩使所考虑的梁段产生向下凸的变形为正,反之为负。

用剪力图弯矩图来表示梁上内力的变化规律是最直观的表述方法。因此要求我们掌握好绘制剪力图和弯矩图的基本规律,即荷载作用方式与内力图之间的规律。

二、平面图形的几何性质

1. 组合图形的形心计算公式

$$y_C = \frac{\sum A_i \times y_i}{A}, \quad z_C = \frac{\sum A_i \times z_i}{A}$$

2. 常用截面的惯性矩

矩形 　　　　　　　　　　　$$I_z = \frac{bh^3}{12}$$

圆形 　　　　　　　　　　　$$I_z = \frac{\pi d^4}{64}$$

3. 惯性矩的平行移轴公式

$$I_z = I_{z_C} + a^2 A$$

用平行移动公式可以求组合图形对形心轴的惯性矩。

4. 弯曲截面系数

$$W_z = \frac{I_z}{y_{\max}}$$

矩形 　　　　　　　　　　　$$W_z = \frac{bh^2}{6}$$

圆形
$$W_z = \frac{\pi d^3}{32}$$

三、梁的变形计算及刚度条件

正应力
$$\sigma = \frac{M \cdot y}{I_z}, \sigma_{max} = \frac{M_{max}}{W_z} \leqslant [\sigma]$$

四、梁的变形计算及刚度条件

挠度是梁横截面的形心在沿垂直于梁轴方向的位移,转角是梁横截面绕其中性轴转过的角度。计算挠度和转角的方法一般采用叠加法。梁的挠度不允许超过允许值,其梁的刚度条件为 $\frac{f_{max}}{l} \leqslant \left[\frac{f}{l} \right]$。

梁必须同时满足强度条件和刚度条件。

提高梁刚度的措施是:减少跨度;采用合理的截面来增大惯性矩;降低最大弯矩值。

 习　　　题

5-1　填空题

(1)工程中是把_____的杆件称为梁。

(2)根据约束特点对支座简化,单跨梁可分为_____、_____、_____三类。

(3)梁弯曲时,横截面上的内力有:_____和_____。其中对梁的强度影响较大的是_____。

(4)若作用在梁对称平面内的外力,使梁只产生_____叫纯弯矩。

(5)梁弯曲时,截面上的弯矩在数值上等于该截面_____,其正负号规定为:当梁弯曲成_____时,截面上的弯矩为正;当梁弯曲成_____时,截面上的弯矩成负。

(6)弯曲变形时,两横截面上有_____存在,其大小与该点到中性轴的距离成正比。

(7)梁纯弯曲变形时既不伸长又不缩短的一层称为_____,与_____称为中性轴。

(8)根据弯曲强度条件可以解决_____、_____和_____三类问题。

(9)梁截面的弯矩是随_____而变化的。

(10)等截面梁的危险截面上,离_____的应力是全梁的最大弯曲正应力,_____往往从这里开始。

(11)为减轻自重和节省材料,将梁做成变截面梁,使所有截面上的_____都近似等于_____,这样的梁称为等强度梁。

(12)梁弯曲时最合理的截面形状是在材料相同的条件下,获得_____值最大的截面形状。

(13)梁的最大弯矩值 M_{max} 与荷载的_____、_____及支承情况有关。

(14)梁的变形可以用_____和_____来表示。

(15)梁的各截面相对于原来位置转过的角度叫_____,用符号_____表示。

(16)梁弯曲的刚度条件是＿＿＿＿＿＿＿＿。

5-2　选择题

(1)梁中任一截面的剪力,在数值上等于该截面一侧所有垂直于梁轴线的外力的(　　)。

A. 代数和　　　　B. 矢量和　　　　C. 和　　　　D. 矢量差

(2)梁中任一截面的弯矩,在数值上等于该截面一侧所有外力对截面形心的力矩的(　　)。

A. 代数和　　　　B. 矢量和　　　　C. 和　　　　D. 矢量差

(3)集中力作用点,梁的剪力图(　　)。

A. 不变　　　　B. 有突变　　　　C. 有尖点　　　　D. 有拐点

(4)集中力作用点,梁的弯矩图(　　)。

A. 不变　　　　B. 有突变　　　　C. 有尖点　　　　D. 有拐点

(5)集中力偶作用点,梁的剪力图(　　)。

A. 不变　　　　B. 有突变　　　　C. 有尖点　　　　D. 有拐点

(6)集中力偶作用点,梁的弯矩图(　　)。

A. 不变　　　　B. 有突变　　　　C. 有尖点　　　　D. 有拐点

(7)跨度为 l 的简支梁承受均布荷载 q 作用,支座截面的剪力为最大,其值等于(　　)。

A. $\dfrac{1}{2}ql$　　　　B. $\dfrac{1}{2}ql^2$　　　　C. $\dfrac{1}{4}Fl$　　　　D. $\dfrac{1}{8}ql^2$

(8)跨度为 l 的简支梁承受均布荷载 q 作用,跨中截面的弯矩最大,其值等于(　　)。

A. $\dfrac{1}{2}ql$　　　　B. $\dfrac{1}{2}ql^2$　　　　C. $\dfrac{1}{4}Fl$　　　　D. $\dfrac{1}{8}ql^2$

(9)跨度为 l 的简支梁,在梁中间承受集中荷载 F_P 作用,支座截面的剪力为最大,其值等于(　　)。

A. $\dfrac{1}{2}F_P$　　　　B. $\dfrac{1}{2}ql$　　　　C. $\dfrac{1}{4}F_P$　　　　D. $\dfrac{1}{8}ql$

(10)跨度为 l 的简支梁承受集中荷载 F_P 作用,跨中截面的弯矩为最大,其值等于(　　)。

A. $\dfrac{1}{2}F_P$　　　　B. $\dfrac{1}{2}ql$　　　　C. $\dfrac{1}{4}F_P$　　　　D. $\dfrac{1}{8}ql$

(11)长度为 l 的悬臂梁承受均布荷载 q 作用,支座截面的剪力最大,值等于(　　)。

A. ql　　　　B. $\dfrac{1}{2}ql$　　　　C. $\dfrac{1}{4}F_Pl$　　　　D. $\dfrac{1}{8}ql$

(12)长度为 l 的悬臂梁承受均布荷载 q 作用,支座截面的弯矩最大,值等于(　　)。

A. ql　　　　B. $\dfrac{1}{2}ql^2$　　　　C. $\dfrac{1}{4}F_Pl$　　　　D. $\dfrac{1}{8}ql^2$

(13)在梁的某段上有均布荷载作用,则该段的剪力图为(　　)。

A. 斜直线　　　　B. 抛物线　　　　C. 水平线　　　　D. 等于零

(14)在梁的某段上有均布荷载作用,则该段的弯矩图为(　　)。

A. 斜直线　　　　B. 抛物线　　　　C. 水平线　　　　D. 等于零

(15)在梁的某段上没有荷载作用,则弯矩图为(　　)。

A. 斜直线　　　　B. 抛物线　　　　C. 水平线　　　　D. 等于零

(16)梁横截面上最大正应力的计算公式为（　　　）。

A. $\sigma=\dfrac{F_N}{A}$　　　　B. $\sigma=\dfrac{M}{A}$　　　　C. $\sigma=\dfrac{M}{W}$　　　　D. $\tau=\dfrac{F_N}{A}$

(17)矩形截面梁的抗弯截面系数为（　　　）。

A. $bh/6$　　　　B. $bh^3/12$　　　　C. $bh^3/3$　　　　D. $bh^2/6$

(18)圆截面对形心轴的惯性矩为（　　　）。

A. $\pi D^3/32$　　　　B. $\pi D^2/32$　　　　C. $\pi D^4/64$　　　　D. $\pi D^3/64$

(19)圆截面梁的抗弯截面系数为（　　　）。

A. $\pi D^3/32$　　　　B. $\pi D^2/32$　　　　C. $\pi D^4/64$　　　　D. $\pi D^3/64$

(20)梁截面上的正应力 σ ，沿截面高度呈（　　　）规律分布。

A. 平均　　　　B. 线性　　　　C. 抛物线　　　　D. 双曲线

(21)梁截面上距中性轴最远处的正应力 σ （　　　）。

A. 最大　　　　B. 最小　　　　C. 等于零　　　　D.1.5 倍平均值

(22)梁截面中性轴上的正应力 σ （　　　）。

A. 最大　　　　B. 最小　　　　C. 等于零　　　　D.1.5 倍平均值

(23)关于梁的正应力，下面说法正确的有（　　　）。

A. 沿截面高度呈线性分布

B. 离中性轴最远的上下边缘处有最大正应力

C. 中性轴上的作用力等于零

D. 力沿截面高度呈抛物线分布

5-3　试计算图示各梁中指定截面的剪力 F_Q 和弯矩 M ，已知 $F_P=10\ \text{kN}, q=2\ \text{kN/m}$ ，$M=4\ \text{kN·m}, a=1\ \text{m}, l=3\ \text{m}$ 。

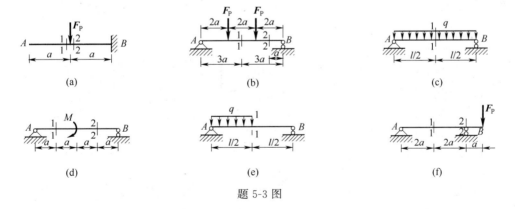

(a)　　　　　　　　　　(b)　　　　　　　　　　(c)

(d)　　　　　　　　　　(e)　　　　　　　　　　(f)

题 5-3 图

5-4　分段列出图示各梁的剪力方程和弯矩方程，并画出各梁的剪力图和弯矩图。已知 $F_P=10\ \text{kN}, a=2\ \text{m}, l=2\ \text{m}$ 。

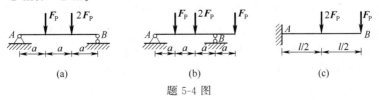

(a)　　　　　　　　　　(b)　　　　　　　　　　(c)

题 5-4 图

5-5　绘出图示各梁的剪力图和弯矩图。

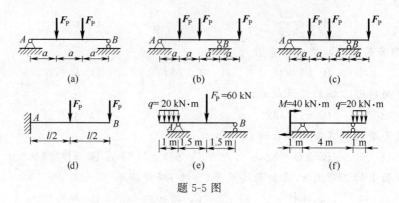

题 5-5 图

5-6　计算下列各平面图形的形心坐标。

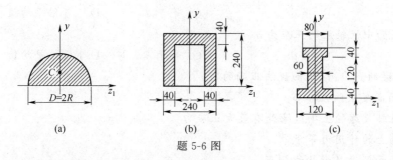

题 5-6 图

5-7　某矩形截面尺寸如图所示,试计算该截面对形心轴 z_C,以及对 z_1、z_2 轴的惯性矩。

5-8　图示一简支梁,试求在截面 C 上 a、b、c、d 四点处正应力的大小,并说明是拉应力还是压应力。

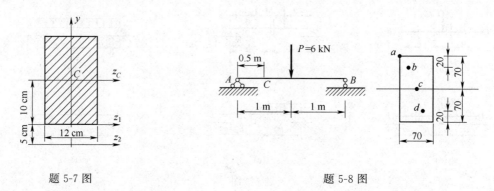

题 5-7 图　　　　　　　　　　　题 5-8 图

5-9　试计算图示各梁的最大正应力。

5-10　如图所示悬臂梁,梁长 $l=1.5$ m,在自由端受一集中力 $F_P=7$ kN 作用,而梁的横截面为圆截面,其直径 $d=90$ mm,材料的许用正应力$[\sigma]=160$ MPa。试校核该梁的正应力强度。

5-11　某矩形截面梁,其跨中作用有集中力 F_P。已知 $l=4$ m,截面宽度 $b=120$ mm,截面高度 $h=180$ mm,材料的许用正应力$[\sigma]=10$ MPa,求该梁的许可荷载 F_P。

5-12　有一简支梁受均布荷载 $q=15$ kN/m 的作用,梁长 $l=4$ m,横截面为矩形,其高宽比为 $h/b=3/2$,材料的许用应力$[\sigma]=12$ MPa。请选择横截面的尺寸。

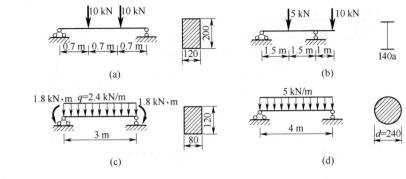

题 5-9 图

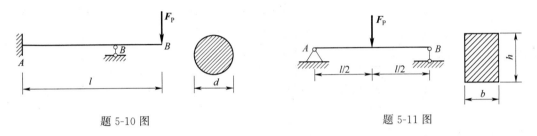

题 5-10 图　　　　　　　　　　题 5-11 图

5-13 外伸圆木梁受荷载作用如图所示。已知 $F_P = 4$ kN，木材的许用正应力$[\sigma] = 10$ MPa，试选择梁的横截面的直径 d。

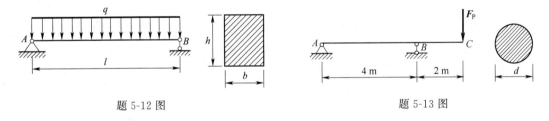

题 5-12 图　　　　　　　　　　题 5-13 图

5-14 外伸梁如图所示，截面对形心轴横惯性矩 $I_z = 2 \times 10^8$ mm^4，已知 $y_1 = 100$ mm，$y_2 = 200$ mm，许用拉应力 $\sigma^+ = 30$ MPa，许用压应力 $\sigma^- = 60$ MPa。试校核梁的正应力强度。

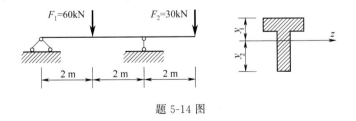

题 5-14 图

5-15 试用叠加法求梁中指定截面的转角和挠度。各梁的 EI 为常数。

5-16 一简支梁用 20b 工字钢制成，已知 $F_P = 10$ kN，$q = 4$ kN/m，$l = 6$ m，材料的弹性模量 $E = 200 \times 10^3$ MPa，许用挠度 $\left[\dfrac{f}{l}\right] = \dfrac{1}{400}$。试校核梁的刚度。

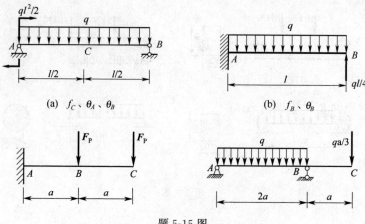

(a) f_C、θ_A、θ_B　　　　(b) f_B、θ_B

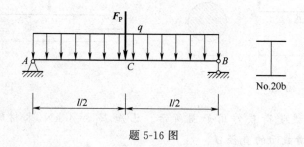

题 5-15 图

题 5-16 图

单元6 组合变形

本单元要点

本单元主要讲述组合变形的概念；斜弯曲、拉压弯和偏心压缩（拉伸）等组合变形的正应力计算；斜弯曲、拉压弯和偏心压缩（拉伸）等组合变形的强度计算。

学习目标

通过本单元的学习，能够计算出斜弯曲、拉压弯和偏心压缩（拉伸）等组合变形的横截面上的正应力。

生活及工程中的实例

如图所示为工业厂房，T字形的牛腿构件受到钢轨及吊车的偏心荷载作用，要保证构件的稳定性，仅仅验证其在轴向力作用下的抗压强度是不够的，还要分析偏心荷载作用时结构的受力特点，本单元将为研究组合变形构件的正应力计算，组合变形的强度计算，验证结构的稳定性等问题提供方法和依据。

6.1 组合变形的概念

前面分别讨论了杆件在各种基本变形情况下的强度计算。在实际工程中，杆件受力后发生的

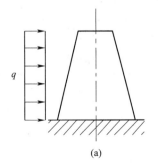

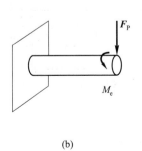

(a)　　　　　　　　(b)

图　6-1

变形,往往不仅是单一的基本变形,它可能同时发生两种或两种以上的基本变形。例如,如图 6-1(a)所示的烟囱,除了自重引起的轴向压缩外,还有水平方向的风力引起的弯曲,因此烟囱所发生的是轴向压缩和弯曲的组合变形;图 6-1(b)所示的受力杆,在 F_P 作用下杆件发生弯曲变形,而在 M_e 作用下杆件发生扭转变形,F_P、M_e 共同作用下,杆件同时发生弯曲和扭转两种基本变形。杆件在荷载作用下,同时产生两种或两种以上基本变形的情况,就称为组合变形。

本单元着重介绍杆件在组合变形时的应力和强度计算。

计算组合变形的强度时一般采用叠加法,就是将作用在杆件上的荷载进行分解或简化成若干个荷载,使其变为基本变形。然后计算各基本变形的应力,再将同一类的应力进行叠加,即得到杆件组合变形中任一点的应力。应用叠加法时要注意,它的适用条件为:杆件的变形是微小的,材料服从胡克定律。

工程中组合变形的常见形式主要有:斜弯曲;拉伸(压缩)与弯曲的组合;偏心压缩(拉伸)。

6.2　梁的斜弯曲

前面已经讨论了梁的平面弯曲,所谓平面弯曲,是指外力作用线与梁的纵向对称轴相重合,梁弯曲后,其轴线也位于外力所在的纵向对称平面内,如图 6-2(a)所示。在实际工程中,有时候外力的作用线虽通过截面的形心,但不与梁的纵向对称平面向重合,如图 6-2(b)所示,所产生的弯曲不在位于梁的纵向对称面内,而是这类弯曲就称为斜弯曲。

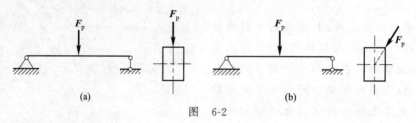

图　6-2

6.2.1　斜弯曲的正应力计算

现以图 6-3(a)所示的矩形截面悬臂梁为例来讨论斜弯曲的应力计算。在梁的自由端作用有一集中力 F_P,其作用线通过截面形心,与竖向对称轴之间的夹角为 φ。

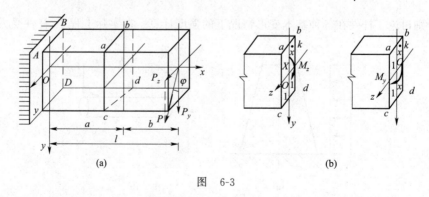

图　6-3

先将 F_P 沿截面的坐标轴 x、y 轴进行分解,得

$$F_{Py} = F_P \cos\varphi, \qquad F_{Pz} = F_P \sin\varphi$$

在 F_{Py} 作用下,梁将产生绕 z 轴的平面弯曲,而 F_{Pz} 将使梁产生绕 y 轴的平面弯曲。可见斜弯曲是两个相互垂直的平面弯曲的组合。

在梁的任一截面 m-m 上,F_{Py} 和 F_{Pz} 所产生的弯矩值分别为

$$M_z = F_{Py} \cdot b = F_P \cdot \cos\varphi \cdot b = M\cos\varphi$$

$$M_y = F_{Pz} \cdot b = F_P \cdot \sin\varphi \cdot b = M\sin\varphi$$

该截面上 K 点由 M_z、M_y 引起的正应力分别为

$$\sigma_y = \frac{M_z}{I_z} \cdot y = \frac{M\cos\varphi}{I_z} \cdot y$$

$$\sigma_z = \frac{M_y}{I_y} \cdot z = \frac{M\sin\varphi}{I_y} \cdot y$$

杆件叠加原理截面上 K 点的正应力为

$$\sigma = \sigma_y + \sigma_z = \frac{M_z \cdot y}{I_z} + \frac{M_y \cdot z}{I_y} \tag{6-1}$$

式中,I_z 和 I_y 分别为截面对 z 轴和 y 轴的惯性矩;y 和 z 分别为所求应力的点到 z 轴和 y 轴的距离。而应力的正负号一般采用直观的方法来确定(拉为正,压为负),如图 6-3(b)所示。

该式就是梁斜弯曲时任一截面上任一点的正应力计算公式。

6.2.2　斜弯曲杆件的正应力强度计算

作梁的强度计算时,首先要确定梁的危险截面和危险点的位置,然后计算出危险点的应力。对于斜弯曲来说,它与平面弯曲一样,危险截面就在梁产生最大弯矩的横截面上,而危险点在危险截面的边缘点上。所以对于图 6-3(a)所示的悬臂梁来说,危险截面就在梁的固定端,因为该处的弯矩值 M_z、M_y 是最大值,分别为

$$M_{z\max} = F_{Py} \cdot l = F_P \cdot l\cos\varphi, \qquad M_{y\max} = F_{Pz} \cdot l = F_P l\sin\varphi$$

在 $M_{z\max}$ 作用下,最大拉应力发生在固定端截面上边缘处,最大压应力发生在下边缘处;在 $M_{y\max}$ 作用下,最大拉应力发生在固定端截面后边缘处,最大压应力在发生在前边缘处。因此,在 $M_{z\max}$、$M_{y\max}$ 共同作用下,梁的最大拉应力发生在固定端截面的 B 点,最大压应力在 D 点。B、D 两点就该截面的危险点。根据叠加原理,可得梁的最大正应力为

$$\sigma_{\max} = \frac{M_{z\max}}{I_z}y_{\max} + \frac{M_{y\max}}{I_y}z_{\max} = \frac{M_{z\max}}{W_z} + \frac{M_{y\max}}{W_y} \tag{6-2}$$

式中

$$W_z = \frac{I_z}{y_{\max}}, \quad W_y = \frac{I_y}{z_{\max}}$$

若材料的抗拉和抗压的许用应力相同,则强度条件就为

$$\sigma_{\max} = \frac{M_{z\max}}{W_z} + \frac{M_{y\max}}{W_y} \leqslant [\sigma] \tag{6-3}$$

根据上面的强度条件,同样可以进行梁的强度校核、设计截面和确定许可荷载。

下面举例分析。

【例 6-1】　有一矩形截面的简支梁受力如图 6-4 所示,F_P 的作用线通过矩形截面形心并与 y 轴成 φ 角。已知 $F_P = 4$ kN,$\varphi = 30°$,$l = 3$ m,$b = 120$ mm,$h = 160$ mm,材料的许用应力

$[\sigma]=10$ MPa。试校核梁的强度。

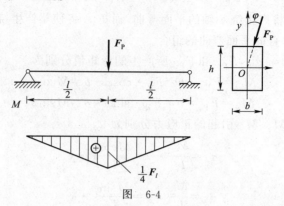

图　6-4

【解】　梁的弯矩图如图 6-4 所示,梁的跨中截面弯矩值最大,为危险截面。该截面的弯矩值为

$$M_{\max}=\frac{F_P l}{4}=\frac{4\times 3}{4}=3(\text{kN}\cdot\text{m})$$

将它进行分解可得

$$M_{z\max}=M_{\max}\cos\varphi=3\times\cos 30°=2.59(\text{kN}\cdot\text{m})$$
$$M_{y\max}=M_{\max}\sin\varphi=3\times\sin 30°=1.5(\text{kN}\cdot\text{m})$$

截面的弯曲截面系数分别为

$$W_z=\frac{bh^2}{6}=\frac{120\times 160^2}{6}=5.12\times 10^5(\text{mm}^3)$$
$$W_y=\frac{b^2 h}{6}=\frac{120^2\times 160}{6}=3.84\times 10^5(\text{mm}^3)$$

作梁的强度校核

$$\sigma_{\max}=\frac{M_{z\max}}{W_z}+\frac{M_{y\max}}{W_y}$$
$$=\frac{2.59\times 10^6}{5.12\times 10^5}+\frac{1.5\times 10^6}{3.84\times 10^5}$$
$$=8.96(\text{MPa})<[\sigma]=10\ \text{MPa}$$

故该梁满足强度条件。

【例 6-2】　试选择图 6-5 所示梁的截面尺寸。已知$[\sigma]=$
10 MPa,$h/b=1.5$。

【解】　此梁受竖向荷载 F_{P1} 和横向荷载 F_{P2} 共同作用的
部分将产生斜弯曲变形,危险截面为固定端截面。

$$M_{z\max}=F_{P1}\times 3=0.5\times 3=1.5(\text{kN}\cdot\text{m})$$
$$M_{y\max}=F_{P2}\times 1.5=0.8\times 1.5=1.2(\text{kN}\cdot\text{m})$$

$$\frac{W_z}{W_y}=\frac{\dfrac{bh^2}{6}}{\dfrac{b^2 h}{6}}=\frac{h}{b}=1.5$$

由强度条件

$$\sigma_{\max}=\frac{M_{z\max}}{W_z}+\frac{M_{y\max}}{W_y}$$

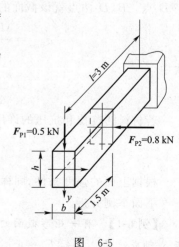

图　6-5

$$= \frac{1}{W_z}\left(M_{z\max} + \frac{W_z}{W_y}M_{y\max}\right) \leqslant [\sigma]$$

得

$$W_z \geqslant \frac{1}{[\sigma]}\left(M_{z\max} + \frac{W_z}{W_y}M_{y\max}\right)$$

$$= \frac{1}{10}(1.5\times10^6 + 1.5\times1.2\times10^6)$$

$$= 3.3\times10^5\,(\text{mm})$$

又

$$W_z = \frac{bh^2}{6}, \quad h/b = 1.5$$

解得

$$h = 144\ \text{mm}, \quad b = 96\ \text{mm}$$

取

$$h = 150\ \text{mm}, \quad b = 100\ \text{mm}$$

6.3　拉伸(压缩)与弯曲的组合变形

拉(压)与弯曲组合是工程中常见的一种组合变形。如图 6-6 所示的受力杆就是一种拉(压)与弯曲的组合变形。下面我们根据该图来说明它的正应力和强度计算。

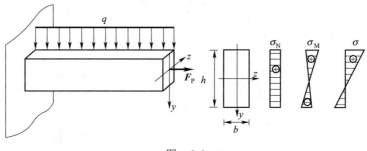

图　6-6

该杆件的变形情况分为:在荷载 F_P 单独下,杆件产生轴向拉伸变形;在均布荷载 q 单独作用下,杆件产生平面弯曲变形。根据不同的基本变形,应用其相应的正应力计算公式,分别计算其正应力值,然后应用叠加原理,就得到杆件的正应力。

荷载 F_P 产生的轴向拉压正应力为

$$\sigma_N = \frac{F_N}{A}$$

均布荷载 q 作用下产生的平面弯曲正应力为

$$\sigma_M = \frac{M_z}{I_z} \cdot y$$

杆件在 F_P、q 共同作用下,横截面上任一点的正应力为

$$\sigma = \sigma_N + \sigma_M = \frac{F_N}{A} + \frac{M_z}{I_z} \cdot y \tag{6-4}$$

由此可见,在截面的上下边缘各点分别产生最大拉应力和最大压应力,则拉(压)与弯曲组合变形的强度条件为

$$\begin{cases} \sigma_{max}^{+} = \dfrac{F_N}{A} + \dfrac{M_{max}}{W_z} \leqslant [\sigma^{+}] \\ \sigma_{max}^{-} = \dfrac{F_N}{A} - \dfrac{M_{max}}{W_z} \leqslant [\sigma^{-}] \end{cases} \tag{6-5}$$

下面对式(6-5)的应用,举例说明。

【例 6-3】 矩形截面悬臂梁受力如图 6-7 所示,已知 $l = 1.2$ m,$b = 100$ mm,$h = 150$ mm,$F_1 = 2$ kN,$F_2 = 1$ kN。求梁的最大拉应力和最大压应力。

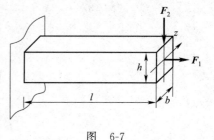

图　6-7

【解】 梁在 F_1 作用下杆件轴向受拉,在 F_2 作用下杆件产生平面弯曲。该梁产生的最大拉应力和最大压应力发生在弯曲值最大的横截面上的上下边缘处,即梁的固定端截面上的上边缘处产生最大拉应力,其值为

$$\sigma_{max}^{+} = \frac{F_N}{A} + \frac{M_{max}}{W_z} = \frac{F_1}{bh} + \frac{F_2 l}{\dfrac{bh^2}{6}}$$

$$= \frac{2 \times 10^3}{100 \times 150} + \frac{1 \times 1.2 \times 10^6}{\dfrac{100 \times 150^2}{6}} = 3.33 \, (\text{MPa})$$

梁的固定端截面上的下边缘处产生最大压应力,其值为

$$\sigma_{max}^{-} = \frac{F_N}{A} - \frac{M_{max}}{W_z} = \frac{F_1}{bh} - \frac{F_2 l}{\dfrac{bh^2}{6}}$$

$$= \frac{2 \times 10^3}{100 \times 150} - \frac{1 \times 1.2 \times 10^6}{\dfrac{100 \times 150^2}{6}}$$

$$= -3.07 \, (\text{MPa})$$

【例 6-4】 如图 6-8 所示为简易吊车,最大起吊量为 $F_P = 13$ kN,AB 杆为 16 号工字钢,材料为 Q235 钢,许用应力 $[\sigma] = 160$ MPa,试校核 AB 杆的强度。

【解】 梁 AB 的受力如图 6-8(b) 所示。

将 F_{NCB} 沿 AB 杆的轴线和垂直于该轴线分解为两个力,即

$$F_{Nx} = F_{NCB} \times \frac{4}{5} = 8.67 \, (\text{kN})$$

$$F_{Ny} = F_{NCB} \times \frac{3}{5} = 6.50 \, (\text{kN})$$

由平衡方程 $\sum M_A = 0$,得　$F_{NCB} \times \dfrac{3}{5} \times 4 - 13 \times 2 = 0$

$$F_{NCB} = 10.83 \text{ kN}$$

作 AB 梁的强度计算。

查型钢表,得 $A = 26.1 \times 10^2$ mm^2,$W_z = 141 \times 10^3$ mm^3。根据 AB 梁的弯矩图和轴力图[图 6-8(c)、(d)]可知,该梁

(a)
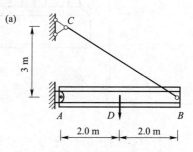

(b)
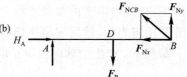

(c)
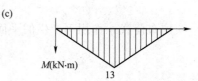

(d)
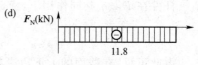

图　6-8

的危险截面为 D 截面。

$$\sigma_{max} = \left| \frac{F_N}{A} - \frac{M_{max}}{W_z} \right|$$

$$= \left| -\frac{8.67 \times 10^2}{26.1 \times 10^2} - \frac{13 \times 10^6}{141 \times 10^3} \right|$$

$$= 95.52(\text{MPa}) < [\sigma] = 160 \text{ MPa}$$

梁 AB 满足强度要求。

6.4　偏心压缩(拉伸)

当杆件受到与轴线平行但不重合的外力作用时,所产生的变形称为偏心压缩或偏心拉伸。偏心压缩(拉伸)也是一种组合变形。

6.4.1　单向偏心压缩(拉伸)

如图 6-9(a)所示的立柱,外力(偏心力)F_P 的作用点在横截面的 y 轴上,这类偏心压缩(拉伸)称为单向偏心压缩(拉伸)。

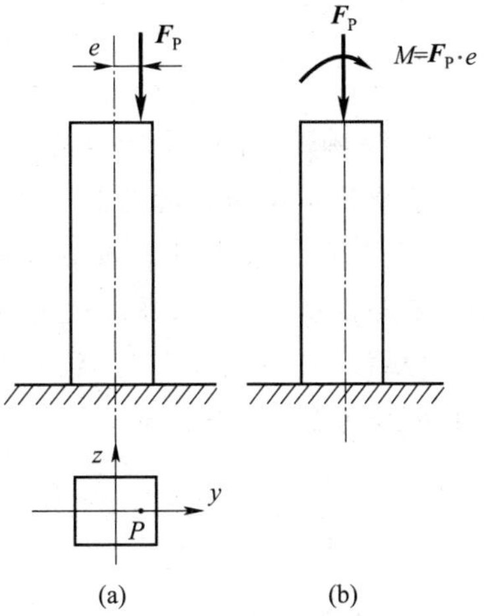

在计算单向偏心压缩(拉伸)时,首先要对荷载进行简化,将偏心力 F_P 向截面形心平移,得到一个通过形心的轴向压力 F_P 和一个力偶矩 $M_e = F_P \cdot e$,如图 6-9(b)所示。不难看出:F_P 使杆件发生轴向压缩,而 M_e 使杆件发生平面弯曲,即单向偏心压缩就是轴向压缩(拉伸)和平面弯曲的组合变形。用截面法就可以计算出立柱上各截面的内力,由于立柱上没有其他外力作用,因此它各截面的内力是相同的,即

$$F_N = F_P, \quad M_z = F_P \cdot e$$

与拉(压)与弯曲组合变形相类似,横截面上任一点的正应力为

$$\begin{cases} \sigma^+ = \sigma_N + \sigma_M = -\dfrac{F_N}{A} + \dfrac{M_z}{I_z} \cdot y \\[3mm] \sigma^- = \sigma_N - \sigma_M = -\dfrac{F_N}{A} - \dfrac{M_z}{I_z} \cdot y \end{cases} \tag{6-6}$$

截面上的最大拉应力和最大压应力必将发生在横截面的两个边缘处,即

$$\begin{cases} \sigma_{max}^+ = -\dfrac{F_N}{A} + \dfrac{M_z}{W_z} \\[3mm] \sigma_{max}^- = -\dfrac{F_N}{A} - \dfrac{M_z}{W_z} \end{cases} \tag{6-7}$$

由于截面上各点均处于单向拉压状态,其强度条件为

$$\begin{cases} \sigma_{max}^+ = -\dfrac{F_N}{A} + \dfrac{M_z}{W_z} \leqslant [\sigma^+] \\[3mm] \sigma_{max}^- = \left| -\dfrac{F_N}{A} - \dfrac{M_z}{W_z} \right| \leqslant [\sigma^-] \end{cases} \tag{6-8}$$

图　6-9

【例 6-5】 截面为正方形的短柱,承受荷载 F_P,若在短柱中开一切槽,其最小截面积为原面积的一半,如图 6-10 所示。试分析柱内的最大压应力是原来的几倍?

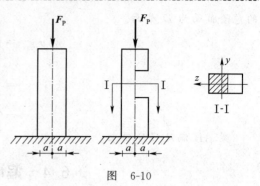

【解】 原来的压应力

$$\sigma^- = \left| \frac{-F_N}{A} \right| = \frac{F_P}{2a \times 2a} = \frac{F_P}{4a^2}$$

切槽后最大压应力应为偏心压缩情况下截面边缘的最大压应力,即

图 6-10

$$\sigma^-_{max} = \left| -\frac{F_N}{A} - \frac{M_y}{W_y} \right| = \frac{F_P}{2a^2} + \frac{F_P \times \frac{a}{2}}{\frac{2a \times a^2}{6}} = \frac{2F_P}{a^2}$$

所以

$$\frac{\sigma^-_{max}}{\sigma^-} = \frac{\frac{2F_P}{a^2}}{\frac{F_P}{4a^2}} = 8$$

根据计算得:切槽处的最大压应力是原来的 8 倍。

【例 6-6】 图 6-11 所示为一厂房的牛腿柱。已知柱顶有屋面传来的荷载 $F_1 = 150$ kN,牛腿上承受吊车梁传来的荷载 $F_2 = 60$ kN,F_2 与柱的轴线有一偏心距 $e = 0.2$ m。已知柱横截面宽度 $b = 200$ mm,试求当截面高度 h 为多少时,截面不会出现拉应力,并求这时的最大压应力。

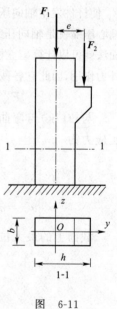

【解】 (1)荷载简化。将荷载 F_2 向截面形心简化,得到的轴向压力和附加力偶矩,分别为

$$F_P = F_1 + F_2 = 150 \times 60 = 210 (kN)$$
$$M = F_2 \cdot e = 60 \times 0.2 = 12 (kN \cdot m)$$

(2)内力计算。分析可得柱子的危险截面在下部,即 1-1 截面,求得内力为

$$F_N = -F_P = -210 (kN)$$
$$M_e = M = 12 (kN \cdot m)$$

(3)计算截面尺寸。由题意可知要使截面不产生拉应力,必有

$$\sigma^+_{max} = \frac{F_N}{A} + \frac{M_z}{W_z} \leqslant 0$$

即

$$-\frac{210 \times 10^3}{200h} + \frac{12 \times 10^6}{\frac{200h^2}{6}} \leqslant 0$$

图 6-11

解得

$$h \geqslant 342.86 \text{ mm}$$

取

$$h = 350 \text{ mm}$$

(4)计算柱子的最大压应力。当 $h = 350$ mm 时,截面的最大压应力为

$$\sigma^{-}_{\max} = \left| -\frac{F_N}{A} - \frac{M_z}{W_y} \right| = \left| -\frac{210 \times 10^3}{200 \times 350} - \frac{12 \times 10^6}{\dfrac{200 \times 350^2}{6}} \right| = 3.29 (\mathrm{MPa})$$

6.4.2 双向偏心压缩(拉伸)

图 6-12 所示的偏心受压杆件,外力作用在截面的某一点上,距截面形心的距离分别为 e_y 和 e_z,这类偏心压缩为双向偏心压缩。

将力向截面形心简化,用相当的力系来代替它,得到轴向压力和两个力偶矩,即

$$M_z = F_P \cdot e_y$$
$$M_y = F_P \cdot e_z$$

所以杆件发生的是轴向压缩和两个相互垂直的平面弯曲的组合变形。对于截面上任一点的正应力就由 F_P、M_z、M_y 三个内力所产生的正应力进行叠加,即

$$\sigma = \frac{F_P}{A} + \frac{M_z \cdot y}{I_z} + \frac{M_y \cdot z}{I_y}$$

任意横截面上的正应力变化规律如图 6-13 所示。

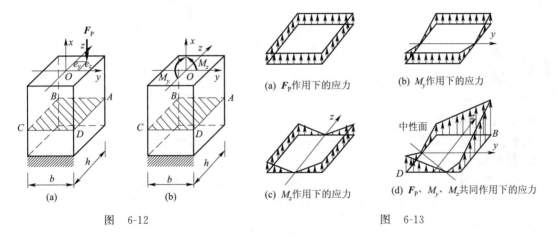

(a) F_P 作用下的应力

(b) M_y 作用下的应力

(c) M_z 作用下的应力

(d) F_P、M_y、M_z 共同作用下的应力

图 6-12　　　　　　　　图 6-13

由此可见,最大拉应力 $\sigma^{+}_{\max}$ 和最大压应力 $\sigma^{-}_{\max}$ 分别在角点 B 和 D 处,其值分别为

$$\begin{cases} \sigma^{+}_{\max} = -\dfrac{F_P}{A} + \dfrac{M_z}{W_z} + \dfrac{M_y}{W_y} \\ \\ \sigma^{-}_{\max} = -\dfrac{F_P}{A} - \dfrac{M_z}{W_z} - \dfrac{M_y}{W_y} \end{cases} \tag{6-9}$$

而强度条件就为

$$\begin{cases} \sigma^{+}_{\max} = -\dfrac{F_P}{A} + \dfrac{M_z}{W_z} + \dfrac{M_y}{W_y} \leqslant [\sigma^{+}] \\ \\ \sigma^{-}_{\max} = -\dfrac{F_P}{A} - \dfrac{M_z}{W_z} - \dfrac{M_y}{W_y} \leqslant [\sigma^{-}] \end{cases} \tag{6-10}$$

【例 6-7】 图 6-14(a)所示偏心受压杆,已知 $F = 42$ kN,$b = 300$ mm,$h = 200$ mm。试求阴影截面上 A 点和 B 点的正应力。

【解】 将 F 力平移至截面形心处,对 z 和 y 轴的附加力偶矩分别为

$$M_z = F \cdot \frac{h}{2} = 42 \times \frac{1}{2} \times 0.2 = 4.2 (\text{kN} \cdot \text{m})$$

$$M_y = F \cdot \frac{b}{2} = 42 \times \frac{1}{2} \times 0.3 = 6.3 (\text{kN} \cdot \text{m})$$

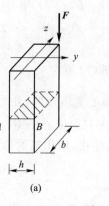 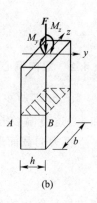

图 6-14

轴向压力 F 作用下，A、B 两点均产生压应力，其值均为 $-\dfrac{F}{A}$。M_z 作用下，A 点产生拉应力，其值为 $\dfrac{M_z}{W_z}$；B 点产生压应力，其值为 $-\dfrac{M_z}{W_z}$。M_y 作用下，A、B 两点均产生拉应力，其值为 $\dfrac{M_y}{W_y}$。三者共同作用下，A 点和 B 点的正应力分别为

$$
\begin{aligned}
\sigma_A &= -\frac{F}{A} + \frac{M_z}{W_z} + \frac{M_y}{W_y} \\
&= -\frac{42 \times 10^3}{200 \times 300} + \frac{4.2 \times 10^6}{\dfrac{300 \times 200^2}{6}} + \frac{6.3 \times 10^6}{\dfrac{200 \times 300^2}{6}} = 3.5 (\text{MPa})
\end{aligned}
$$

$$\sigma_B = -\frac{F}{A} - \frac{M_z}{W_z} + \frac{M_y}{W_y} = -0.7 (\text{MPa})$$

 单元小结

一、组合变形概念

杆件在荷载的作用下，同时产生两种或两种以上基本变形的情况称为组合变形。

二、斜弯曲

外力的作用线虽通过截面的形心，但不与梁的纵向对称平面向重合，所产生的弯曲不在位于梁的纵向对称面内，而是这类弯曲就称为斜弯曲。

斜弯曲的正应力为

$$\sigma = \sigma_y + \sigma_z = \frac{M_z \cdot y}{I_z} + \frac{M_y \cdot z}{I_y}$$

其强度条件为

$$\sigma_{\max} = \frac{M_{z\max}}{W_z} + \frac{M_{y\max}}{W_y} \leqslant [\sigma]$$

三、拉伸(压缩)与弯曲的组合变形

杆件同时作用有轴力和横向力时，轴向力使杆件拉伸(压缩)，横向力使杆件弯曲，这种变形称为拉(压)弯曲组合变形。其横截面上正应力为

$$\sigma = \sigma_N + \sigma_M = \frac{F_N}{A} + \frac{M_z}{I_z} \cdot y$$

拉(压)弯曲组合变形的强度条件为

$$
\begin{cases}
\sigma_{\max}^+ = \dfrac{F_N}{A} + \dfrac{M_{\max}}{W_z} \leqslant [\sigma^+] \\[2mm]
\sigma_{\max}^- = \dfrac{F_N}{A} - \dfrac{M_{\max}}{W_z} \leqslant [\sigma^-]
\end{cases}
$$

四、偏心压缩(拉伸)

作用在杆上的拉力或压力,当其作用线只平行于杆件轴线但不与轴线重合时,就称为偏心拉伸(压缩)。它是由轴向拉压和弯曲的组合变形,分为单向偏心压缩(拉伸)和双向偏心压缩(拉伸)。

单向偏心压缩(拉伸)的正应力计算公式为

$$\begin{cases} \sigma^+ = \sigma_N + \sigma_M = -\dfrac{F_N}{A} + \dfrac{M_z}{I_z} \cdot y \\[3mm] \sigma^- = \sigma_N - \sigma_M = -\dfrac{F_N}{A} - \dfrac{M_z}{I_z} \cdot y \end{cases}$$

其强度条件是

$$\begin{cases} \sigma^+_{max} = -\dfrac{F_N}{A} + \dfrac{M_z}{W_z} \leqslant [\sigma^+] \\[3mm] \sigma^-_{max} = \left| -\dfrac{F_N}{A} - \dfrac{M_z}{W_z} \right| \leqslant [\sigma^-] \end{cases}$$

双向偏心压缩(拉伸)的正应力计算公式为

$$\sigma = \frac{F_P}{A} + \frac{M_z \cdot y}{I_z} + \frac{M_y \cdot z}{I_y}$$

其强度条件是

$$\begin{cases} \sigma^+_{max} = -\dfrac{F_N}{A} + \dfrac{M_z}{W_z} + \dfrac{M_y}{W_y} \leqslant [\sigma^+] \\[3mm] \sigma^-_{max} = \left| -\dfrac{F_N}{A} - \dfrac{M_z}{W_z} - \dfrac{M_y}{W_y} \right| \leqslant [\sigma^-] \end{cases}$$

习　　　题

6-1　图示梁中,F_1 与 F_2 分别作用在梁的竖向和水平对称面内,已知 $l = 1.5$ m,$b = 100$ mm,$h = 150$ mm,$F_1 = 12$ kN,$F_2 = 0.8$ kN。求梁横截面上的最大拉应力并指明其位置。

6-2　图示工字形截面简支梁,力 F_P 与 y 轴的夹角为 $5°$。若 $F_P = 65$ kN,$l = 4$ m,许用应力 $[\sigma] = 160$ MPa,试选择工字钢的型号。

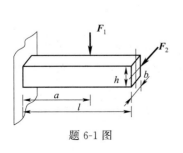

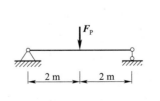

题 6-1 图　　　　　　　　　　　　　　　　题 6-2 图

6-3 檩条长 $l = 4$ m，所受荷载及截面尺寸如图所示。试计算图示，檩条的最大正应力。

6-4 承受均布荷载的矩形截面简支梁如图所示，q 的作用线通过截面形心且与 y 轴成 $15°$ 角，已知 $l = 4$ m，$b = 80$ mm，$h = 120$ mm，材料的许用应力 $[\sigma] = 10$ MPa。试求梁所容许承受的最大荷载 q_{max}。

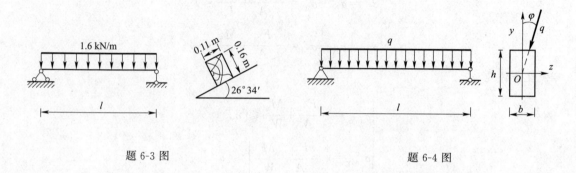

题 6-3 图　　　　　　　　　　　　　题 6-4 图

6-5 图示结构中，AD 杆为 16 号工字钢，已知 $F = 10$ kN，材料的许用应力 $[\sigma] = 160$ MPa。试校核 AD 杆的强度。

6-6 一矩形截面轴向受压杆，在中间某处挖一槽口，已知 $F = 10$ kN，$b = 160$ mm，$h = 240$ mm，槽口深 $h_1 = 60$ mm。试求槽口处横截面 m-m 上的最大压应力。

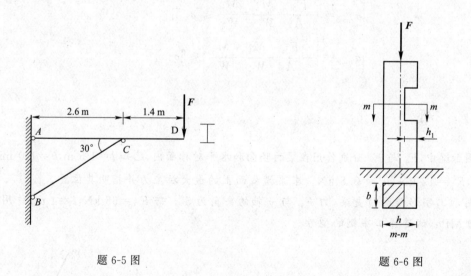

题 6-5 图　　　　　　　　　　　　　题 6-6 图

6-7 矩形截面受压柱如图所示，其中 F_1 的作用线与柱轴线重合，F_2 的作用线位于 y 轴上。已知 $F_1 = F_2 = 80$ kN，$b = 240$ mm，F_2 的偏心距 $e = 100$ mm。试求柱的横截面上不出现拉应力时 h 的最小尺寸。

6-8 试校核图示矩形截面短柱的强度。已知 $F_1 = 50$ kN，$F_2 = 5$ kN。$[\sigma^+] = 10$ MPa，$[\sigma^-] = 120$ MPa，$h = 1.2$ m。

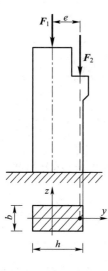

题 6-7 图

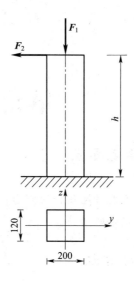

题 6-8 图

单元7 压杆稳定

本单元要点

本单元主要讲述压杆的概念;压杆临界力、临界应力的计算方法;压杆的稳定计算的方法;提高压杆稳定性的措施。

学习目标

通过本单元的学习,能够对压杆的稳定性进行计算,判断压杆的稳定性,以及应采取的措施。

生活及工程中的实例

在任何建筑物的建筑过程中,均需要使用脚手架,而在具体的应用中,偶尔会发生一些脚手架坍塌的事件,造成人员伤亡和财产损失。为什么脚手架会坍塌呢? 脚手架是由许多钢管用一些扣件连接而成的,钢管受到压力的作用,压力过大时,钢管失去了平衡,造成脚手架的坍塌事故。本单元为类似压杆稳定问题提供分析方法和依据。

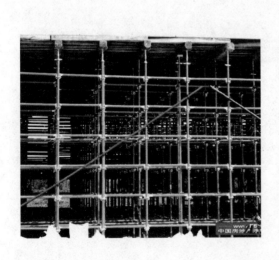

7.1 压杆稳定的概念

轴向受压杆的承载能力是依据强度条件 $\sigma = \dfrac{F_N}{A} \leqslant [\sigma]$ 确定的。但在实际工程中发现,许多细长的受压杆件的破坏是在满足了强度条件情况下发生的。我们可以做一个简单的实验(图 7-1):取两根矩形截面的松木条,$A = 30\text{ mm} \times 5\text{ mm}$,一根杆长为 20 mm,另一根杆长为 1 000 mm。若松木的强度极限 $\sigma_b = 40$ MPa,按强度考虑,两杆的极限承载能力均应为 $F_N = \sigma_b \cdot A = 6\ 000$ N。但是,我们给两杆缓缓施加压力时会发现,长杆在加到约 30 N 时,杆发生了弯曲,当力再增加时,弯曲迅速增大,杆随即折断。而短杆可受力到接近 6 000 N,且在破坏前一直保持着直线形状,显然,长杆的破坏不是由于强度不足而引起的。

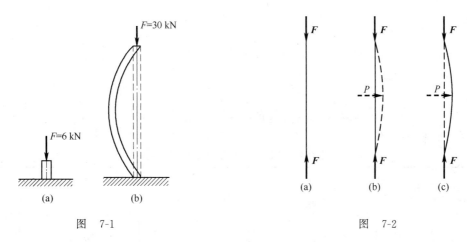

图　7-1　　　　　　　　　　　　图　7-2

在工程史上,曾发生过不少类似长杆的弯曲破坏导致整个结构毁坏的事故。其中最著名的是 1907 年北美魁北克圣劳伦斯河上的大铁桥,因桁架中一根压弦杆突然弯曲,引起大桥的坍塌。

这种细长杆受压突然破坏,就其性质而言,与强度问题完全不同,经研究后知,它是由于杆件丧失了保持直线形状的稳定性而造成的。这类破坏称为丧失稳定(简称失稳)。杆件导致丧失稳定破坏的压力比发生强度不足破坏的压力要小得多。因此,对细长压杆必须进行稳定性的计算。

为了说明"丧失稳定"的实质,需要了解杆件平衡状态的稳定性。细长压杆在 F 力作用下处于直线形状的平衡状态[图 7-2(a)],受外界(水平力 P)干扰后,杆经过若干次摆动,仍能回到原来的直线形状平衡位置[图 7-2(b)],杆原来的直线形状的平衡状态称为稳定平衡。若 F 力不断增大,这时受外界干扰后,杆不能恢复到原来的直线形状而在弯曲形状下保持新的平衡[图 7-2(c)],则原来的直线形状的平衡状态称为非稳定平衡。压杆的稳定性问题,就是针对受压杆件能否保持它原来的直线形状的平衡状态而言的。

通过上面的分析,不难看出,压杆能否保持稳定,与压力 F 的大小有着密切的关系。随着压力 F 的逐渐增大,压杆就会由稳定平衡状态过渡到非稳定平衡状态。这就是说,轴向压力的量变必将引起压杆平衡状态的改变。压杆从稳定平衡过渡到非稳定平衡时的压力称为临界力或称临界荷载,以 F_{cr} 表示。显然,当压杆所受的外力达到临界值时,压杆即开始丧失稳定。由此可见,掌握压杆临界力的大小,将是解决压杆稳定问题的关键。

在工程实际中,只注意压杆的强度而忽视其稳定性,会给工程结构带来极大的危害,甚至造成严重的事故。因此在设计这类结构时,进行稳定计算是非常必要的。

7.2　临界力的确定

7.2.1　欧拉公式

当作用在压杆上的压力 $F = F_{cr}$ 时,受到干扰力的作用后杆将变弯。在杆的变形不大,杆内应力不超过比例极限的情况下,根据弯曲变形理论可以求出临界力的大小为

$$F_{cr} = \frac{\pi^2 EI}{(\mu l)^2} \tag{7-1}$$

式中　I——杆横截面对中性轴的惯性矩;

　　　μ——与支承情况有关的长度系数,其值见表 7-1;

　　　l——杆的长度,而 μl 称为相当长度。

上式称为欧拉公式。

由式(7-1)可以看出,临界荷载与材质的种类、截面的形状和尺寸、杆件的长度和两端的支座情况等方面的因素有关。

表 7-1　不同支座情况时的长度系数

拉杆端约束情况	两端铰支	一端固定 一端自由	两端自由	一端固定 一端铰支
挠度曲线形状	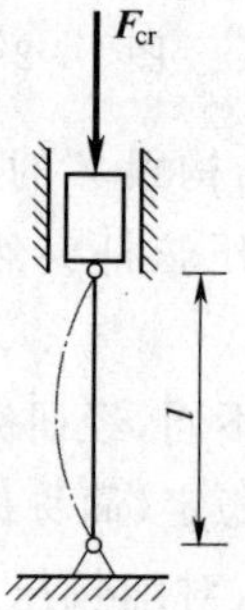	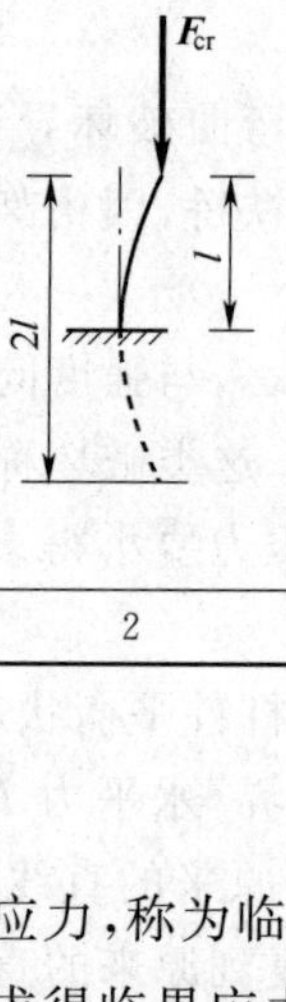	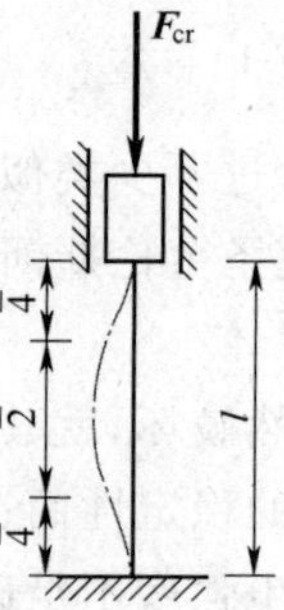	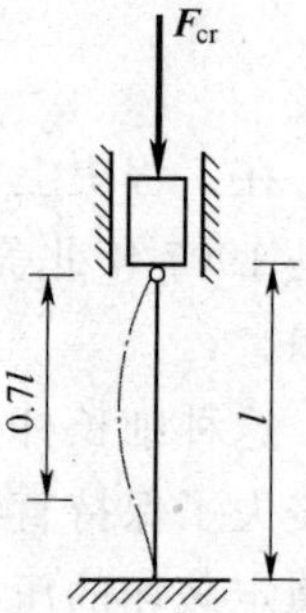
μ	1	2	0.5	0.7

7.2.2　临界应力

压杆在临界力作用下横截面上的应力,称为临界应力,以 σ_{cr} 表示。

根据计算临界力的欧拉公式可以求得临界应力为

$$\sigma_{cr} = \frac{F_{cr}}{A} = \frac{\pi^2 EI}{A(\mu l^2)}$$

式中　σ_{cr}——压杆的临界应力;

　　　A——压杆的横截面面积。

若以 $\dfrac{I}{A} = i^2$ 或 $\sqrt{\dfrac{I}{A}} = i$ 代入上式,则得

$$\sigma_{cr} = \frac{\pi^2 E}{\left(\dfrac{\mu l}{i}\right)^2} = \frac{\pi^2 E}{\lambda^2} \tag{7-2}$$

式(7-2)中 i 称为横截面对中性轴的惯性半径(常用截面惯性半径见表7-2)。而 $\lambda=\dfrac{\mu l}{i}$ 称为压杆的长细比。它是一个无量纲的量。不难看出,λ 值愈大,则杆愈细长;λ 值愈小,则杆愈短粗。因此,又可把 λ 称为柔度。显然,λ 愈大,杆越易丧失稳定,其临界力越小;反之,λ 愈小,则杆件就不太容易丧失稳定,其临界力就比较大。所以柔度 λ 是压杆稳定计算中的一个重要参数。

表 7-2　常用截面对称轴的惯性半径

	矩形	正方形	圆形	圆环形
图形				
惯性半径	$i_z=\dfrac{\sqrt{3}}{6}h$ $i_y=\dfrac{\sqrt{3}}{6}b$	$i_z=i_y=\dfrac{\sqrt{3}}{6}a$	$i_z=i_y=\dfrac{D}{4}$	$i_z=i_y=\dfrac{\sqrt{D^2+d^2}}{4}$

根据柔度的大小,可将压杆分为三类:

1. 大柔度杆

柔度 λ 大于或等于某个极限值 λ_P 时,压杆将发生弹性失稳。这类压杆称为大柔度杆或细长杆。

2. 中柔度杆

柔度 λ 小于 λ_P,但大于或等于某个极限值 λ_S 时,压杆将发生非弹性失稳。这类压杆称为中柔度杆或中长杆。对于中长杆,目前在设计中多根据经验计算其临界应力。

3. 小柔度杆

柔度 λ 小于 λ_S,这类压杆称为小柔度杆或短粗杆,这类压杆首先是强度失效,即不考虑其稳定性。

其中 λ_P 和 λ_S 可以在手册中查到。

7.2.3　临界应力的计算公式

压杆临界应力的计算公式根据其柔度大小分别用理论公式(欧拉公式)和经验公式(抛物线公式)来计算。对于细长杆,临界应力可以用理论公式(欧拉公式)

$$\sigma_{cr}=\frac{\pi^2 E}{\lambda^2} \tag{7-3}$$

对于中长杆和短粗杆,临界应力的经验公式(抛物线公式)

$$\sigma_{cr}=\sigma_0-k\lambda^2 \tag{7-4}$$

【例 7-1】　图 7-3(a)、(b)中所示压杆,其直径均为 d,材料都是 Q235 钢,但二者长度和约束条件各不相同。

(1)分析哪一根杆的临界荷载较大?

（2）计算 $d = 150\ \text{mm}$，$E = 200\ \text{GPa}$ 时，二杆的临界荷载。

【解】 （1）计算柔度

因为 $\lambda = \mu l / i$，其中 $i = \sqrt{I / A}$，而二者均为圆截面，且直径相同，故有

$$i = d / 4$$

因二者约束条件和杆长均不同，所以 λ 不一定相同。

对于两端铰支的压杆，$\mu = 1$，$l = 5\ 000\ \text{mm}$，

$$\lambda = \mu l / i = 1 \times 5 \times 4 / d = 20 / d$$

对于两端固定的压杆，$\mu = 0.5$，$l = 9\ 000\ \text{mm}$，

$$\lambda = \mu l / i = 0.5 \times 9 \times 4 / d = 18 / d$$

可见本例中两端铰支压杆的临界荷载小于两端固定的压杆临界荷载。

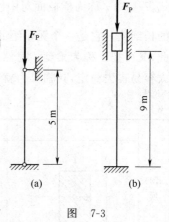

图　7-3

（2）计算各杆临界荷载

对于两端铰支的压杆

$$\lambda = \frac{20}{d} = \frac{20}{0.15} = 133.3 > \lambda_\text{P} = 132$$

属于细长杆，利用欧拉公式

$$F_\text{cr} = \sigma_\text{cr} A = \frac{A \pi^2 E}{\lambda^2} = \frac{\pi^3 E d^2}{4 \lambda^2}$$

$$= \frac{\pi^3 \times 200 \times 10^3 \times 150^2}{4 \times 133.3^2} = 1\ 963 \times 10^3 (\text{N}) = 1\ 963 (\text{kN})$$

对于两端固定的压杆

$$\lambda = \frac{18}{d} = \frac{18}{0.15} = 120 < \lambda_\text{P} = 132$$

属于中长杆，利用抛物线公式

$$F_\text{cr} = \sigma_\text{cr} \times A = (235 - 0.006\ 8 \times 120^2) \times \pi \times 150^2 / 4$$

$$= 2\ 422 \times 10^3 (\text{N}) = 2\ 422 (\text{kN})$$

7.3　压杆的稳定计算

7.3.1　压杆的稳定条件

要使压杆不丧失稳定，应使作用在杆上的压力 F 不超过压杆的临界力 F_cr，压杆的稳定条件为

$$F \leqslant \frac{F_\text{cr}}{n_\text{st}} \tag{7-5}$$

式中　F——实际作用在压杆上的压力；

F_cr——压杆的临界力；

n_st——稳定安全因素，是随 λ 而变化的。λ 越大，杆越细长，所取安全因素 n_st 也越大。

　　　　一般稳定安全因素比强度安全因素 n 大。

稳定条件式(7-5)两边除以压杆横截面面积 A，则可改写为

$$\sigma = \frac{F}{A} \leqslant \frac{F_{cr}}{A \cdot n_{st}}$$

或

$$\sigma = \frac{F}{A} \leqslant [\sigma_{st}] \qquad (7\text{-}6)$$

式(7-6)中,$\sigma = F/A$ 是杆内实际工作应力,$[\sigma_{st}] = \sigma_{cr}/n_{st}$ 可看作是压杆的稳定许用应力。由于临界应力 σ_{cr} 和稳定安全因素 n_{st} 都是随压杆的柔度 λ 而变化的所以 $[\sigma_{st}]$ 也是随 λ 而变化的一个量。这与强度计算时材料的许用应力 $[\sigma]$ 不同。

7.3.2 折减系数 φ

工程中的压杆稳定计算常将变化的稳定许用应力 $[\sigma_{cr}]$ 改为强度许用应力 $[\sigma]$ 来表达

$$[\sigma_{st}] = \frac{\sigma_{cr}}{n_{st}}, \quad [\sigma] = \frac{\sigma^0}{n}$$

$$[\sigma_{st}] = \frac{\sigma_{cr}}{n_{st}} \cdot \frac{n}{\sigma^0} \cdot [\sigma] = \varphi [\sigma]$$

式中

$$\varphi = \frac{[\sigma_{st}]}{[\sigma]} = \frac{\sigma_{cr}}{n_{st}} \cdot \frac{n}{\sigma^0}$$

由于 $\sigma_{cr} < \sigma^0$,$n_{st} > n$,因此 φ 总是小于 1。φ 称为折减系数。φ 也是一个随 λ 而变化的量。表 7-3 是几种材料的折减系数,计算时可查用。

表 7-3 压杆的折减系数 φ

λ	φ 值				
	Q215、Q235 钢	16Mn 钢	铸铁	木材	混凝土
0	1.000	1.000	1.00	1.000	1.000
20	0.981	0.937	0.91	0.932	0.96
40	0.927	0.895	0.69	0.822	0.83
60	0.842	0.776	0.44	0.658	0.70
70	0.789	0.705	0.34	0.575	0.63
80	0.731	0.627	0.26	0.460	0.57
90	0.669	0.546	0.20	0.371	0.51
100	0.604	0.462	0.16	0.300	0.46
110	0.536	0.384		0.248	
120	0.466	0.325		0.209	
130	0.401	0.279		0.178	
140	0.349	0.242		0.153	
150	0.306	0.213		0.134	
160	0.272	0.188		0.117	
170	0.243	0.168		0.102	
180	0.218	0.151		0.093	
190	0.197	0.136		0.083	
200	0.180	0.124		0.075	

压杆的稳定条件可用折减系数 φ 与强度许用应力 $[\sigma]$ 来表达

$$\sigma = \frac{F}{A} \leqslant \varphi [\sigma] \qquad (7\text{-}7)$$

式(7-7)类似压杆强度条件公式。从形式上可理解为:压杆因在强度破坏之前便丧失稳定,故由降低强度许用应力 $[\sigma]$ 来保证杆的安全。

7.3.3 稳定计算

应用式(7-7)的稳定条件,可对压杆进行稳定方面的三种计算。

1. 检查是否满足稳定条件

已知压杆的长度、支承情况、材料、截面及作用力,检查杆件是否满足稳定条件。校核时,首先按压杆给定的支承情况确定 μ 值,然后由已知截面的形状和尺寸计算面积 A、惯性矩 I、惯性半径 i 及柔度 λ,再根据压杆的材料及 λ 值,由表 7-3 查出 φ 值,最后验算是否满足 $\sigma = \dfrac{F}{A} = \varphi [\sigma]$ 这一稳定条件。

2. 确定许用荷载

首先根据压杆的支承情况、截面形状和尺寸,依次确定 μ 值计算 A、I、i、λ 各值,然后根据材料和 λ 值,由表 7-3 查出 φ,最后按稳定条件计算许用荷载

$$[F] = A \cdot [\sigma] \cdot \varphi$$

3. 选择截面

用稳定条件选择杆件截面时,可将稳定条件改写为

$$A \geqslant \frac{F}{\varphi [\sigma]}$$

从上式看,要计算出 A,需先查知 φ,但 φ 与 λ 有关,λ 与 i 有关,i 则与 A 有关,所以当 A 未求得之前,φ 值也不能查出。因此,工程上采用试算法来进行截面选择工作。其步骤如下:

(1)先假设一适当的 φ_1 值(一般取 $\varphi_1 = 0.5 \sim 0.6$),由此可定出截面尺寸 A_1。

(2)按初选的截面尺寸 A_1 计算 i_1、λ_1,查出相当的 φ_1'。比较查出的 φ_1' 与假设的 φ_1,若两者比较接近,可对所选截面进行稳定校核。

(3)若 φ_1' 与 φ_1 相差较大,可再设 $\varphi_2 = \dfrac{\varphi_1 + \varphi_1'}{2}$,重复(1)(2)步骤。直至求得的 φ_n' 与所设的 φ_n 值接近为止。一般重复二三次便可达到目的。

【例 7-2】 一钢管支柱,长 $l = 2.2$ m,两端铰支。外径 $D = 102$ mm,内径 $= 86$ mm,材料为 Q235 钢,许用压应力 $[\sigma] = 160$ MPa。已知承受轴向压力 $F = 300$ kN,试校核此柱的稳定性。

【解】 支柱两端铰支,故 $\mu = 1$,钢管截面惯性矩

$$I = \frac{\pi}{64}(D^4 - d^4) = \frac{\pi}{64}(102^4 - 86^4) = 262 \times 10^4 (\text{mm}^4)$$

截面面积 $\quad A = \dfrac{\pi}{4}(D^2 - d^2) = \dfrac{\pi}{4}(102^2 - 86^2) = 23.6 \times 10^2 (\text{mm}^2)$

惯性半径 $\quad i = \sqrt{\dfrac{I}{A}} = \sqrt{\dfrac{262 \times 10^4}{23.6 \times 10^2}} = 33.3 (\text{mm})$

柔度 $\quad \lambda = \dfrac{\mu l}{i} = \dfrac{1 \times 2200}{33.3} = 66$

由表 7-3 查出:

当 $\lambda = 60$ 时, $\quad \varphi = 0.842$

当 $\lambda = 70$ 时, $\quad \varphi = 0.789$

用直线插入法确定 $\lambda = 66$ 时的 φ,即

$$\varphi = 0.842 - \frac{66-60}{70-60}(0.842-0.789) = 0.81$$

校核稳定性

$$\sigma = \frac{F}{A} = \frac{300 \times 10^3}{23.6 \times 10^2} = 127.1(MPa)$$

$$\varphi[\sigma] = 0.81 \times 160 = 129.6(MPa)$$

$$\sigma < \varphi[\sigma]$$

支柱满足稳定条件。

【例 7-3】　钢柱由两根 20 号槽钢组成，截面如图 7-4 所示，柱高 $l = 5.72$ m，材料为 Q235 钢，许用应力 $[\sigma] = 160$ MPa。求钢柱所能承受的轴向压力。

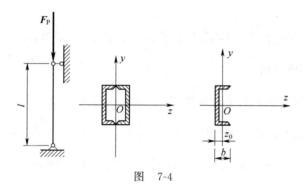

图　7-4

【解】　查型钢表得一个 20 号槽钢的有关数据如下：

$$b = 7.5 \text{ cm}, z_0 = 1.95 \text{ cm}, A = 32.8 \text{ cm}^2, I_{z0} = 1\,913 \text{ cm}^4, I_{y0} = 144 \text{ cm}^4$$

钢柱截面由两根槽钢组成，

$$I_z = 2I_{z0} = 2 \times 1\,913 = 3\,830(cm^4)$$

$$I_y = 2[I_{y0} + A(b-z_0)^2] = 2[144 + 32.8(7.5-1.95)^2] = 2\,310(cm^4)$$

由于 $I_y < I_z$，失稳将在以 y 轴为中性轴方向发生。所以

$$i_{min} = i_y = \sqrt{\frac{I_y}{A}} = \sqrt{\frac{2\,310}{2 \times 32.8}} = 5.93(cm) = 59.3(mm)$$

钢柱两端铰支，$\mu = 1$，钢柱最大柔度为

$$\lambda_{max} = \frac{\mu L}{i_{min}} = \frac{1 \times 5\,720}{59.3} = 96.5$$

查表 7-3 得：

$$当 \lambda = 90 \text{ 时，} \quad \varphi = 0.669$$

$$当 \lambda = 100 \text{ 时，} \quad \varphi = 0.604$$

用直线插入法求 $\lambda = 96.5$ 时的 φ 值，即

$$\varphi = 0.669 - \frac{96.5-90}{100-90}(0.669-0.604) = 0.669 - 0.042 = 0.627$$

所以许可荷载为

$$[F] = A \cdot [\sigma] \cdot \varphi = (2 \times 32.8 \times 10^2) \times 160 \times 0.627 = 658 \times 10^3(N) = 658(kN)$$

7.4 提高压杆稳定性的措施

压杆临界力的大小反映压杆稳定性的高低。要提高压杆的稳定性,就要提高压杆的临界力。

7.4.1 减小压杆的长度

压杆的临界力与杆长的平方成反比,所以减小压杆长度是提高压杆稳定性的有效措施之一。在条件许可的情况下,应尽量使压杆长度减小,或在压杆中间增加支承。

7.4.2 改善支承条件

加强杆端支承,可减小长度系数 μ,从而使临界应力增大,即提高了压杆的稳定性。

7.4.3 选择合理的截面形状

压杆的临界应力与柔度 λ 的平方成反比,柔度愈小临界应力愈大。柔度与惯性半径成反比,因此,要提高压杆的稳定性,应尽量增大惯性半径。由于 $i = \sqrt{\dfrac{I}{A}}$,所以要选择合理的截面形状,尽量增大惯性矩 I。例如选用空心截面或组合空心截面(图 7-5)。

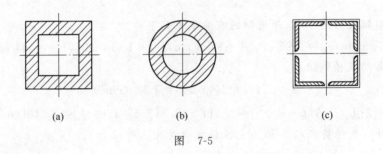

(a)   (b)   (c)

图 7-5

7.4.4 选择适当的材料

在其他条件相同的情况下,可以选择弹性模量 E 高的材料来提高压杆的稳定性。但是,细长压杆的临界应力与强度指标无关,普通碳素钢与合金钢的 E 值相差不大,所以采用高强度合金钢不能提高压杆的稳定性的,反而会造成浪费。

 单元小结

一、压杆稳定的概念

细长压杆在一定的轴向压力作用下,突然丧失其原有的直线平衡状态的现象,称为压杆失稳。

细长压杆承受的轴向压力小于某一特定值时,压杆处于稳定的平衡状态;当轴向压力大于该特定值时,压杆处于不稳定的平衡。当轴向压力等于该特定值时,压杆处于临界平衡状态,这一特定的压力值称为临界力。

二、临 界 力

临界力是压杆从稳定平衡状态过渡到不稳定平衡状态的压力值。确定临界力(或临界应力)的大小,是解决压杆稳定问题的关键。

三、柔 度

柔度 λ 是压杆的长度、支承情况、截面形状与尺寸等因素的一个综合值

$$\lambda = \mu l / i$$

柔度 λ 是稳定计算中重要的几何参数。有关压杆稳定计算问题都是先求得 λ 值。

四、稳定计算

工程中通常用折减系数法进行压杆的稳定计算。压杆的稳定条件为

$$\sigma = \frac{F}{A} \leqslant \varphi [\sigma]$$

折减系数 φ 值随压杆的柔度和材料而变化。应用稳定条件可以解决校核稳定性、确定稳定许用荷载、设计压杆截面等三类问题。

 # 习　　题

7-1 填空题

(1)压杆丧失了稳定性,称为_____。

(2)压杆上的压力_____临界荷载,是压杆稳定平衡的前提。

(3)两端固定的压杆,其长度系数是一端固定、一端自由压杆的_____倍。

(4)在材料相同的前提下,压杆的柔度越_____,压杆就越容易失稳。

(5)细长压杆其他条件不变,只将长度增加一倍,则压杆的临界应力为原来的_____倍。

(6)折减系数 φ 可由压杆的_____以及_____查表得出。

(7)压杆的稳定条件为_____。

(8)为了充分发挥压杆的抗失稳能力。若采用合理选择截面形状的措施,则应使压杆在任一纵向平面内具有相同或相近的_____值。

7-2 图示两端铰支细长压杆,弹性模量 $E = 200 \times 10^3$ MPa。试用欧拉公式计算其临界应力和临界荷载。

① 圆形截面 $d = 30$ mm, $l = 1.2$ m。

② 矩形截面 $h = 2b = 50$ mm, $l = 1.2$ m。

③ No.10 工字钢, $l = 2$ m。

7-3 一圆截面长柱, $l = 3$ m,直径 $d = 200$ mm,材料的弹性模量 $E = 10 \times 10^3$ MPa。若柱的一端固定、一端自由,试求该柱的临界应力(木材的极限应力 $\lambda_p = 110$)。

7-4 一矩形截面木柱高 $l = 4$ m, $h = 240$ mm, $h/b = 2$,材料的许用应力 $[\sigma] = 10$ MPa。当承受的轴向压力 $F_p = 135$ kN 时,试校核该柱的稳定性。

7-5 图示托架中斜杆 CD 杆为圆木,直径 $d = 160$ mm,两端铰支,横杆 AB 承受均布荷载 $q = 50$ kN/m。若木杆的许用应力 $[\sigma] = 10$ MPa,试校核斜杆 CD 的稳定性。

7-6 一压杆两端固定,杆长 2 m,截面为圆形,直径 $d = 40$ mm,材料为 Q235 钢, $[\sigma] =$

160 MPa。试求压杆的许用荷载。

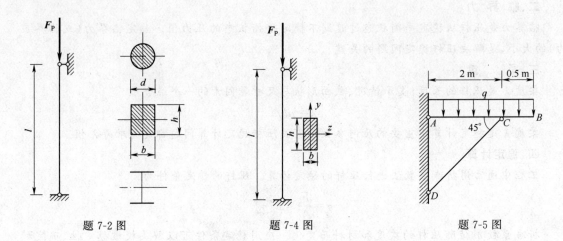

题 7-2 图　　　　　　　　　题 7-4 图　　　　　　　　　题 7-5 图

单元8　结构力学基本知识

 单元要点

本单元介绍结构力学的一些基本概念。如静定结构的内力计算、超静定结构计算的基本方法(力法的解题思路和方法)及影响线的基本概念。

 学习目标

通过本单元的学习,能够对结构力学有一个基本的了解。

 生活及工程中的实例

在工程实际中,结构的例子有许多,如下列左图所示为多跨简支梁,桥墩与桥梁连接处为铰接,是由多个单跨静定梁组成的多跨静定结构,其所有约束力和内力均可由静力学平衡条件解出。如下列右图所示的框架结构,其连接点是由梁和柱坚固的连接在一起,从而形成刚节点,它们组成的结构为超静定结构,计算这些梁和柱的内力时只用静力平衡条件时解不出的,如何分析计算这类结构呢? 本单元将对这一问题做一简单介绍。

8.1　结构力学概念

8.1.1　结构力学的研究对象和任务

支承荷载起骨干作用的构件或由其组成的整体称为结构。如铁路和公路中的桥梁、涵洞、隧道、挡土墙以及房屋中的梁、柱、屋架、基础等构件所组成的体系就是结构的具体例子。

　　由杆件组成的结构称为杆系结构。当组成结构的各杆轴线都在同一平面时,称为平面杆系结构。因此,结构力学的研究对象主要是杆件结构,其具体任务是:

　　(1)研究结构在荷载等因素作用下的内力和位移的计算。在求出内力和位移之后,即可利用材料力学的方法按强度条件和刚度条件来选择或验算各杆的截面尺寸,在结构力学中一般就不再叙述。

　　(2)研究结构的稳定性计算。

　　(3)研究结构的组成规则和合理形式等问题。

　　结构力学是一门专业基础课,能为后面学习专业课提供必要的基础知识。

8.1.2　结构的分类

　　结构的类型很多,在这里我们主要介绍平面杆系结构。平面杆系结构通常分为以下几种:

1. 梁

　　梁是一种受弯构件,其轴线通常是直线。梁有单跨梁和多跨梁之分(图 8-1)。

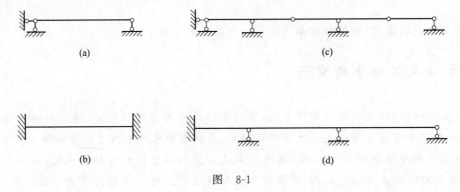

图　8-1

2. 拱

　　拱是一种杆轴线为曲线且受竖向荷载作用的构件,会产生水平反力。拱分为三铰拱、两铰拱和无铰拱(图 8-2)。

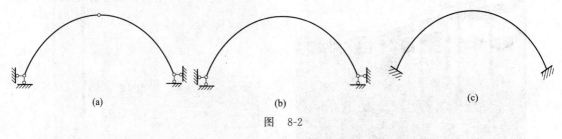

图　8-2

3. 刚架

　　刚架由若干直杆组成,各杆相连处的结点为刚结点(图 8-3)。

4. 桁架

　　桁架由若干直杆组成,各杆相连接处的结点均为铰结点(图 8-4)。

5. 组合结构

　　组合结构是由桁架和梁或桁架与刚架组合而成的结构。部分杆件只承受轴力,而另一些杆件会同时承受弯矩和剪力(图 8-5)。

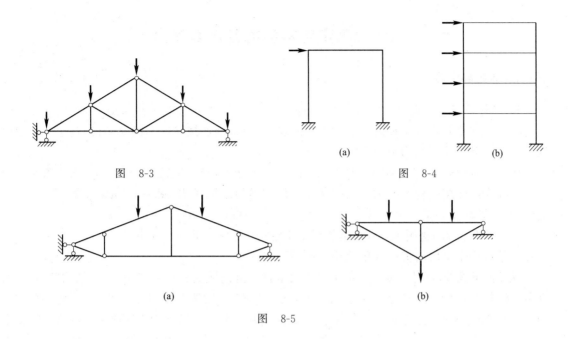

图　8-3　　　　　　　　　　　　　　　图　8-4

图　8-5

8.1.3　静定结构和超静定结构

　　能够用静力学的平衡条件求结构的全部反力和内力,称为静定结构[图 8-6(a)];用平衡条件不能确定结构的全部反力和内力,称为超静定结构[图 8-6(b)]。

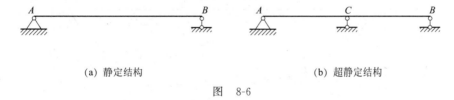

　　(a) 静定结构　　　　　　　　　　　　　(b) 超静定结构

图　8-6

　　工程中常见的超静定结构类型有:超静定梁[图 8-6(b)]、超静定桁架[图 8-7(a)]、超静定拱[图 8-7(b)]、超静定刚架[图 8-7(c)]、超静定组合结构[图 8-7(d)]。

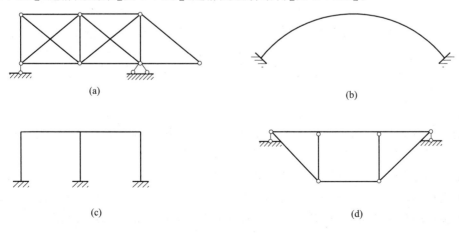

图　8-7

8.2　静定结构的内力计算简介

8.2.1　多跨静定梁

1. 多跨静定梁的概念

多跨静定梁是指若干根梁用铰相连，并用支座与基础连接而成的静定结构，多用于房屋建筑中的木檩条及桥梁结构中。

图 8-8(a)所示为一铁路桥梁，是常采用的多跨静定梁结构形式之一，其计算简图如图 8-8(b)所示。在房屋建筑结构中的木檩条也是多跨静定梁的结构形式，图 8-9(a)所示为木檩条的构造图，其计算简图如图 8-9(b)所示。

连接单跨梁的一些中间铰，在钢筋混凝土结构中其主要形式常采用企口结合[图 8-8(a)]，而在木结构中常采用斜搭接并用螺栓连接[图 8-9(a)]。

从几何组成分析可知，图 8-8(b)中 AB 梁是直接由链杆支座与地基相连的，是几何不变的，且梁 AB 本身不依赖梁 BC 和 CD 就可以独立承受荷载，称之为基本部分。如果仅受竖向荷载作用，CD 梁也能独立承受荷载维持平衡，同样可视为基本部分。短梁 BC 是依靠基本部分的支承才能承受荷载并保持平衡，所以称为附属部分。同样道理在图 8-9(b)中，梁 AB、CD 和 EF 均为基本部分，梁 BC 和梁 DE 为附属部分。为了更清楚地表示各部分之间的支承关系，把基本部分画在下层，将附属部分画在上层，如图 8-8(c)和图 8-9(c)所示，我们称它为层次图或层叠图。

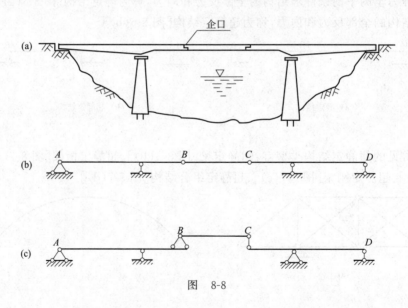

图　8-8

从受力分析来看，当荷载作用于基本部分时，只有该基本部分受力，而与其相连的附属部分不受力；当荷载作用于附属部分时，则不仅该附属部分受力，而且还将通过铰把力传给与其相关的基本部分上。因此，计算多跨静定梁时，必须先从附属部分计算，再计算基本部分，按组成顺序的逆过程进行。例如图 8-8(c)所示，应先从附属梁 BC 计算，再依次考虑 CD、AB 梁。这样便把多跨梁化为单跨梁，从而可避免解联立方程。之后再将各单跨梁的内力图连在一起，便得到多跨静定梁的内力图。

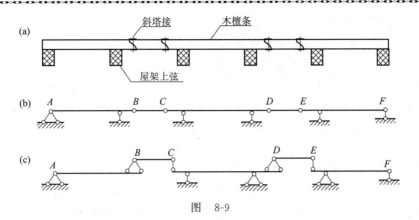

图 8-9

2. 多跨静定梁的内力分析

【例 8-1】 画出图 8-10(a)所示多跨静定梁的剪力图和弯矩图。

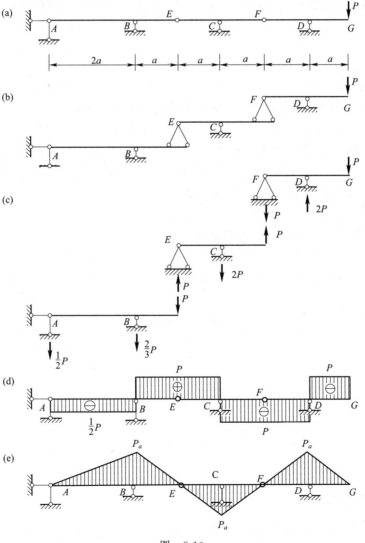

图 8-10

【解】 （1）画出层次图

首先判断结构关系，AE 段为基本部分，EF 相对 AE 来讲为附属部分，而 EF 相对 FG 来讲又是基本部分，而 FG 为附属部分。画出层次图如图 8-10(b)所示。

（2）计算各单跨梁的支座反力

根据层次图，将梁拆成单跨梁[图 8-10(c)]进行计算，以先附属部分后基本部分，将上层的支座反力反向加在与之相连的基本部分上（作用力与反作用力公理），按顺序依次求得各个单跨梁的支座反力。

（3）作剪力图和弯矩图

根据各梁的荷载和支座反力，依照剪力图和弯矩图的作图规律，分别画出各个梁的弯矩图及剪力图，再连成一体，即得到相应的剪力图[图 8-10(d)]和弯矩图[图 8-10(e)]。

8.2.2　静定平面刚架简介

刚架是由若干根直杆组成的具有刚节点的结构，当组成刚架的各杆的轴线和外力都在同一平面时，称作平面刚架。

刚架的特点：

（1）杆件少，内部空间大，便于利用。

（2）刚节点处各杆不能发生相对转动，因而各杆件的夹角始终保持不变。

（3）刚节点处可以承受和传递弯矩，因而在刚架中弯矩是主要内力。

（4）刚架中的各杆通常情况下为直杆，制作加工较方便。

由于是以上特点，刚架在工程中得到广泛的应用。

刚架中的所谓刚节点，是指在任何荷载作用下，梁、柱在该节点处的夹角都保持不变，但刚节点可有线位移和转动，如图 8-11 中虚线所示。

静定平面刚架的类型有：

（1）简支刚架：常用于起重机的刚支架[图 8-11(a)]及渡槽横向计算所取的简图等。

（2）悬臂刚架：常用于客运站站台[图 8-11(b)]、雨棚等。

（3）三铰刚架：常用于小型厂房、仓库、食堂等结构[图 8-11(c)]。

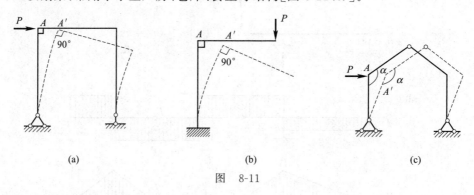

图　8-11

8.2.3　静定平面桁架简介

静定桁架是由若干直杆在两端铰接组成的静定结构。杆轴线、荷载作用线都在同一平面内的桁架称为平面桁架。

桁架在工程实际中得到广泛的应用,南京长江大桥(图 8-12)、武汉长江大桥主体结构就是桁架,施工中用的脚手架、起重机架、建筑结构中的屋架(图 8-13)等很多都是桁架。

图 8-12　南京长江大桥

实际桁架的受力情况比较复杂,因此,在分析桁架时必须选取既能反映桁架的本质又能便于计算的计算简图。通常对平面桁架的计算简图作如下三条假定:

(1)各杆的两端用绝对光滑而无摩擦的理想铰连接。

(2)各杆轴均为直线,在同一平面内且通过铰的中心。

(3)荷载均作用在桁架节点上。

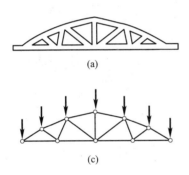

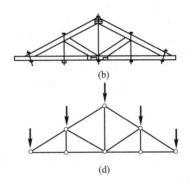

图　8-13

符合以上假定的称为理想桁架,图 8-13(c)、(d)所示为桁架(a)、(b)的计算简图。在理想桁架情况下,各杆均为二力杆,故各杆横截面上的内力只有轴力。这样,杆件横截面上的应力分布均匀,使材料能得到充分利用,相比同尺寸的但内部充实的结构(如梁)而言,自重较轻,更能节省材料,因此得以在大跨度结构中广泛使用。

桁架的杆件依其所在位置不同,可分为弦杆和腹杆两类。弦杆是指桁架上、下外围的杆件,上边的杆件称为上弦杆,下边的杆件称为下弦杆。桁架上弦杆和下弦杆之间的杆件称为腹杆。腹杆又分为竖杆和斜杆。弦杆上相邻两节点之间的区间称为节间。两支座之间的距离称为跨度 l。桁架最高点到两支座之间的距离称为桁高 h(图 8-14)。

工程中常用的桁架按照其几何构成可分为:

(1)简单桁架:由一个基本铰接三角形开始,逐次增加二元体所组成的几何不变体,如图 8-15(a)所示。

(2)联合桁架:由几个简单桁架,按几何不变体系的组成规则所组成的几何不变体,如

图 8-15(b)、(d)所示。

（3）复杂桁架：不属于前两种的桁架，如图 8-15(c)所示。

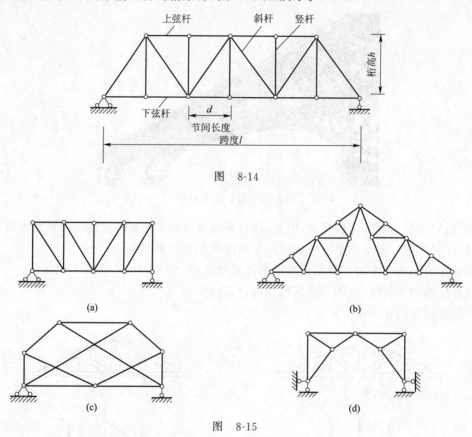

图　8-14

图　8-15

常用计算桁架的内力方法有两种：

（1）结点法。指截取桁架的一个结点为分离体来计算桁架内力的方法。作用在结点上的力组成一个平面汇交力系，利用平衡条件 $\sum F_x = 0$，$\sum F_y = 0$，可求出两个未知内力。因此要求每个结点未知力不多于两个。

（2）截面法。指是用假想的截面截取桁架的一部分（至少包括两个结点）为隔离体，利用平面任意力系的平衡条件进行求解。具体的计算方法本书不再介绍。

8.3　超静定结构的计算方法

计算超静定结构的方法很多，但最基本的方法有两种：力法和位移法。本书只介绍一些力法的基本概念，让大家有一个简单的了解。

图 8-16(a)所示为一次超静定梁，$EI =$ 常数。若去掉 B 处的活动铰支座，以相应的多余未知力 X_1 代替，则可得到如图 8-16(b)所示的简图。这个静定梁称为原超静定梁的基本结构，原超静定梁称为原结构。只要能把多余未知力求出，并把它当作一个荷载，其他的支座反力和内力就可以用静力平衡条件计算出来。

为求得多余未知力 X_1，我们必须要借助于另外的补充方程。

　　对比原结构与基本结构情况可知，原结构在支座 B 处由于有多余约束不可能有竖向位移；而基本结构则因去掉了多余约束，在 B 点可能产生竖向位移，所以只有当 X_1 的数值与原结构支座 B 实际发生的反力相等时，才能使基本结构在荷载 q 和多余力 X_1 共同作用下，B 点的竖向位移等于零，即

$$\Delta_1 = 0 \qquad\qquad (8\text{-}1)$$

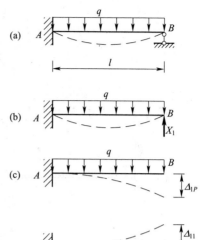

图　8-16

　　上式就是基本结构的一个变形条件，也就是计算多余力 X_1 所需的补充方程。

　　设以 Δ_{11} 和 Δ_{1P} 分别表示基本结构在多余未知力 X_1 和均布荷载 q 单独作用下 B 点沿 X_1 方向的位移，如图 8-16(c)、(d)所示。根据叠加原理，得

$$\Delta_2 = \Delta_{11} + \Delta_{1P} = 0 \qquad\qquad (8\text{-}2)$$

式中 Δ_{11} 和 Δ_{1P} 都有两个下标，第一个下标表示位移的地点和方向，第二个下标表示产生位移的原因。Δ_{11} 表示基本结构在 X_1 单独作用下产生的在 X_1 作用处沿 X_1 方向的位移，Δ_{1P} 表示基本结构在均布荷载 q 单独作用下产生的在 X_1 作用处沿 X_1 方向的位移。

　　为了使式(8-2)中显现出多余未知力 X_1，令 $X_1 = 1$ 时 B 点沿 X_1 方向所产生的位移为 δ_{11}，则 $\Delta_{11} = \delta_{11} X_1$，于是上式可写成

$$\delta_{11} X_1 + \Delta_{1P} = 0 \qquad\qquad (8\text{-}3)$$

　　我们把式(8-3)的方程叫做力法方程。式中的系数 δ_{11} 和自由项 Δ_{1P} 都是已知力引起的基本结构的位移，可根据静定结构的位移计算方法求得。具体的计算方法就用图乘法来计算。此时需分别作出基本结构在荷载作用下的弯矩图 M_P 图[图 8-17(b)]，以及在单位力 $\bar{X} = 1$ 作用下的弯矩图 $\bar{M}$ 图[图 8-17(d)]，即可利用图乘法计算式中的位移。求 δ_{11} 时应为 $\bar{M}$ 图乘 $\bar{M}$ 图，称为 $\bar{M}$ 图自乘，即

$$\delta_{11} = \frac{1}{EI}\left(\frac{1}{2}l \times l\right) \times \frac{2}{3}l = \frac{l^3}{3EI}$$

　　求 Δ_{1P} 时，则为 $\bar{M}_1$ 图与 $\bar{M}_P$ 图相乘，即

$$\Delta_{1P} = -\frac{1}{EI}\left(\frac{1}{3} \times \frac{1}{2}ql^2 \times l\right) \times \frac{3}{4}l = -\frac{l^4}{8EI}$$

　　将 δ_{11} 与 Δ_{2P} 代入力法方程中可求得

$$X_1 = -\frac{\Delta_{1P}}{\delta_{11}} = -\left(-\frac{ql^4}{8EI}\right)\bigg/ \frac{l^3}{3EI} = \frac{3ql}{8}(\uparrow)$$

　　求出多余未知力 X_1 后，其余所有反力、内力的计算都是静力学问题。在绘制最后的弯矩图 M 图时，可以利用已经绘出的 $\bar{M}_1$ 图和 M_P 图，按叠加法绘制，即

$$M = \bar{M}_1 X_1 + M_P$$

也就是将 $\bar{M}_1$ 图的竖标乘以 X_1 倍，再与 M_P 图的对应竖标相加。例如 A 端的弯矩为

$$M_A = l \times \frac{3}{8}ql + \left(-\frac{ql^2}{2}\right) = -\frac{ql^2}{8}（上侧受拉）$$

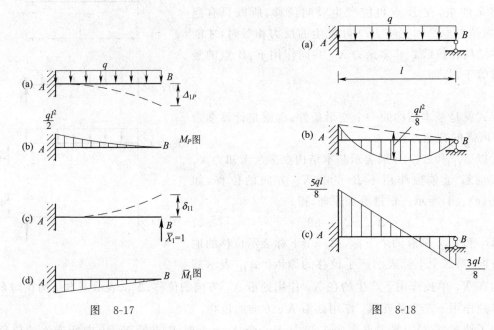

图 8-17　　　　　　　　　　图 8-18

于是可绘制 M 图如图 8-18(b)所示,此弯矩图即是基本结构的弯矩图,而图 8-18(c)是原结构的弯矩图。因为此时基本结构与原结构的受力、变形和位移情况已完全相同,二者是等价的。

综上所述,力法的基本结构是静力结构,力法的基本未知量是多余未知力。多余未知力由补充方程来确定。

用力法解超静定结构的过程可按以下步骤来求解。

(1)选择基本结构。确定超静定结构的次数,去掉多余约束,并以相对应的约束反力代替而得到的一个静定结构作为基本结构。

(2)建立力法典型方程。根据所去掉多余约束处的变形条件,建立力法典型方程。

(3)计算系数和自由项。首先作在荷载和各单位未知力分别单独作用在基本结构上的弯矩图或写出内力表达式,然后用图乘法计算系数和自由项。

(4)求多余未知力。将所计算出的系数和自由项代入力法典型方程,然后求解多余未知力。

(5)作内力图。按静定结构,用平衡条件或叠加法计算基本结构特殊截面内力,再画出结构的内力图。

下面举例说明。

【例 8-2】　作图 8-19(a)所示超静定梁的内力图。已知梁的 EI 为常数。

【解】　(1)选取基本结构

此梁为一次超静定梁,去掉 B 处链杆支座,得到基本结构如图 8-19(b)所示。

(2)建立力法典型方程

原结构 B 处无竖向位移,故位移为零,则力法方程为

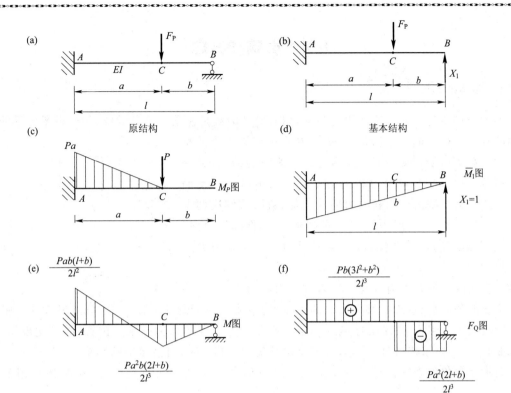

图 8-19

$$\delta_{11} X_1 + \Delta_{1P} = 0$$

(3)计算方程中的系数和自由项

分别绘出基本结构的 M_P 图和 $\overline{M}_1$ 图[图 8-19(c)、(d)],利用图乘法计算 δ_{11}、Δ_{1P}

$$\delta_{11} = \frac{1}{EI}\left(\frac{1}{2} \cdot l \cdot l \cdot \frac{2}{3}l\right) = \frac{l^3}{3EI}$$

$$\Delta_{1P} = -\frac{1}{EI}\left[\frac{1}{2} \cdot Pa \cdot a \cdot \left(\frac{2}{3}l + \frac{1}{3}b\right)\right] = -\frac{Pa^2(2l+b)}{6EI}$$

(4)解方程求多余未知力

$$\frac{l^3}{3EI}X_1 - \frac{Pa^2(2l+b)}{6EI} = 0$$

得

$$X_1 = \frac{Pa^2(2l+b)}{2l^3}(\uparrow)$$

(5)作内力图

根据叠加原理计算 M_A、M_C 值如下:

$$M_A = \overline{M}_A X_1 + M_{AP} = l \times \frac{Pa^2(2l+b)}{2l^2} - Pa = -\frac{Pab(l+b)}{2l^2} \quad (\text{上拉})$$

$$M_C = \overline{M}_C X_1 + M_{CP} = b \times \frac{Pa^2(2l+b)}{2l^2} + 0 = \frac{Pa^2b(l+b)}{2l^2} \quad (\text{下拉})$$

画弯矩图如图 8-19(e)所示。

8.4　影响线概念

8.4.1　影响线的概念

前面我们研究的荷载都是固定荷载,但是有些荷载是在结构上移动的,例如桥梁承受的行驶中的火车、汽车和行人等荷载;厂房中的吊车梁承受的移动吊车荷载等(图 8-20)。因此,承受移动荷载的结构,其在移动荷载作用下的约束反力和内力都将随着荷载的移动而发生变化。为了确定反力和内力的最大值,就必须解决两个问题:①荷载移动时,反力和内力是如何变化的(即变化规律)。②荷载移动到哪个位置时,某一反力或某一内力数值达到最大。

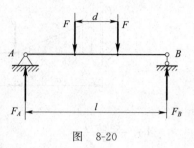

图　8-20

工程实际中的移动荷载是多种多样的,但它们多由一些间距不变的竖向荷载(如桥梁上火车的轮压)所组成。为了研究方便,一般只需研究一个竖向单位荷载($P=1$)沿结构移动时,某一量值(指某一反力、某一内力或某一位置)的变化规律,然后根据叠加原理,求出各种分布力或多个组合集中力移动时,对该量值的影响。

表示竖向单位集中荷载 $P=1$ 沿结构移动时某量值变化公理的图形,称为该量值的影响线。

8.4.2　简支梁的影响线

1. 反力的影响线

设要作图 8-21 所示简支梁反力 F_B 的影响线,可取 A 点为坐标原点,x 表示 $P=1$ 作用点与 A 点的距离,取全梁为分离体,用平衡条件 $\sum M_A=0$,可以写出以 x 为变量的支座反力 F_B 的数学表达式

$$F_B=\frac{x}{l}P=\frac{x}{l}\quad(0\leqslant x\leqslant l)$$

这就是所求量值 F_B 与荷载位置 x 之间的关系式,也就是 F_B 的影响线方程。它是 x 的一次函数,所以是一条直线,只要确定两点,就可以把直线画出来。如果取横坐标 x 表示荷载的作用位置,纵坐标 y 表示当活荷载作用在此位置时,所产生的 F_B 值,则只需要两点便可画出这条直线。

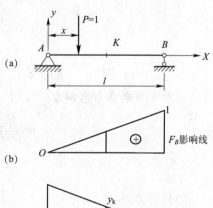

图　8-21

$$当\begin{cases}x=0\ 时,F_B=0\\x=l\ 时,F_B=1\end{cases}$$

同样,我们也可以作 F_A 的影响线,仍然用平衡方程求 F_A,由 $\sum M_B=0$,得 $F_A\cdot l-1\cdot(l-x)=0$,即

$$F_A=\frac{l-x}{l}$$

这就是 F_A 的影响线方程,也是 x 的一次函数,因此 F_A 的影响线也是一条直线。

$$当\begin{cases} x=0 \ \text{时},F_A=1 \\ x=l \ \text{时},F_A=0 \end{cases}$$

利用以上的结果,我们就可以画出其图形。

由 F_B、F_A 影响线的绘制过程可知,画影响线的步骤如下:

(1)选择坐标系,确定坐标原点,并以单位移动荷载 $P=1$ 的作用点与坐标原点的距离 x 为变量。

(2)用静力平衡方程推导出所求量值的影响线方程,注明表达式的适用区间。

(3)根据方程式画影响线。

2. 弯矩影响线

现在来画简支梁 AB(图 8-22)指定截面 C 的弯矩影响线。仍以 A 点为坐标原点,以 x 表示 $P=1$ 的作用点到 A 的距离。

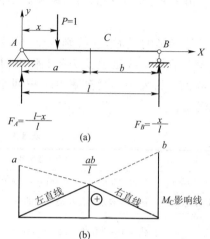

当 $P=1$ 在截面 C 的左侧移动时(即 AC 段移动,$0 \leqslant x \leqslant a$),取 CB 段为分离体,由平衡方程 $\sum M_C=0$,可得影响线方程为

$$M_C=F_B \cdot b=\frac{b}{l}x$$

当 $P=1$ 在截面 C 的右侧移动时(即 CB 段移动,$a \leqslant x \leqslant l$),取 AC 段为分离体,由平衡方程 $\sum M_C=0$,可得影响线方程为

$$M_C=F_A \cdot a=\frac{l-x}{l} \cdot a$$

由 M_C 的影响线方程可见,AC 段 M_C 影响线的纵坐标是支座 B 处反力 F_B 影响线纵坐标的 b 倍;BC 段 M_C 影响线的纵坐标是支座 A 处反力 F_A 影响线纵坐标的 a 倍。因此,作 AC 段 M_C 影响线时,就可以利用

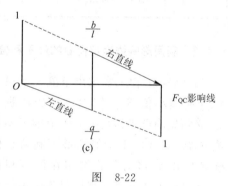

图　8-22

F_B 影响线扩大 b 倍,然后保留 AC 部分即为 M_C 影响线的 AC 段;利用 F_A 影响线扩大 a 倍,然后保留 CB 部分即为 M_C 影响线的 CB 段。

上述这种利用已知的某量值影响线来作其他量值影响线的方法,是非常方便的,也是很有用的。

3. 剪力影响线

作简支梁 AB 截面 C 的剪力影响线(图 8-22)。仍以 A 点为坐标原点,以 x 表示 $P=1$ 的作用点到 A 的距离。

当 $P=1$ 在截面 C 的左侧移动时(即 AC 段移动,$0 \leqslant x \leqslant a$),取 CB 段为分离体,由平衡方程 $\sum F_y=0$,可得影响线方程为

$$F_{QC}=-F_E$$

当 $P=1$ 在截面 C 的右侧移动时(即 CB 段移动,$a \leqslant x \leqslant l$),取 AC 段为分离体,由平衡方程 $\sum F_y=0$,可得影响线方程为

$$F_{QC}=F_A$$

由 F_{QC} 的影响线方程可知,当 $P=1$ 作用于 AC 段时,剪力 F_{QC} 的变化与支座 B 的反力 F_B 在 AC 段的变化规律一样,但符号相反;当 $P=1$ 作用于 CB 段时,剪力 F_{QC} 的变化与支座 A 的反力 F_A 在 CB 段的变化规律一样,符号也相同。因此,画 AC 段剪力 F_{QC} 的影响线时,只要把 F_B 影响线反号并截取其中对应于 AC 段的部分;画 CB 段 F_{QC} 的影响线时,只要截取 F_A 影响线的 CB 部分即可[图 8-22(c)]。

由图 8-22(c)可知,剪力影响线由两根平行线组成,在截面 C 处有突变,其突变值为 $a/l+b/l=1$。

学习影响线时,应特别注意不要把影响线和一个集中荷载作用下的弯矩图混淆,例如 M_C 的影响线是表示 $P=1$ 移动时,截面 C 的弯矩变化规律,影响线中所有纵距表示的都是 M_C 的大小。现列表 8-1 把两个图形的主要区别加以比较,以便更好地掌握影响线的概念。

表 8-1　弯矩影响线与弯矩图的区别

	弯矩影响线	弯矩图
承受的荷载	数值为 1 的单位移动荷载,且无单位	作用位置固定不变的实际荷载,有单位
横坐标 x	横坐标表示单位移动荷载的作用位置	表示所求弯矩的截面位置
纵坐标 y	代表 $P=1$ 作用在此点时,在指定截面处所产生的弯矩;正值画在基线的上方,其单位是长度单位	代表实际荷载作用在固定位置时,在此截面所产生的弯矩;弯矩画在梁的受拉的一侧并不需标明正负号,单位是牛·米或千牛·米

8.4.3　利用影响线确定荷载的最不利位置

在结构设计中,需求出量值 S 的最大值 S_{max} 或最小值 S_{min} 作为设计的依据。为此,必须先确定使其发生最大值的最不利荷载位置。只要所求量值的最不利荷载位置确定下来,将移动荷载作用在最不利位置上,便可按上述方法计算该量值的最大值或最小值。影响线最重要的作用,就是用它来判定最不利荷载位置。

1. 移动的均布荷载作用时

对于移动均布荷载,由于它可以任意断续布置,所以最不利荷载位置是较容易确定的。根据式

$$S=\sum q\omega \quad (\omega \text{ 量值是 } S \text{ 影响线的面积})$$

可知,当均布移动荷载布满对应影响线正号面积时,则产生的量值最大,反之当均布移动荷载布满对应影响线负号面积时,则产生的量值最小。例如,图 8-23(a)所示外伸梁中截面 C 的弯矩最大值 M_{Cmax} 和最小值

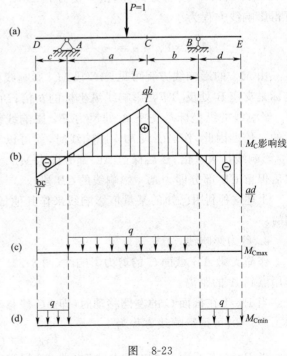

图　8-23

M_{Cmin},相应的最不利荷载位置如图 8-23(c)、(d)所示。

2. 移动集中荷载作用时

根据式

$$S = \sum F_{Pi} y_i$$

可知,当 $\sum F_{Pi} y_i$ 为最大值时,则相对应的荷载位置即为量值 S 的最不利荷载位置。由此推断,最不利荷载位置必然发生在荷载密集于影响线竖标最大处,并且可进一步论证必有一集中荷载作用于影响线的顶点。为了分析方便,通常将这一位于影响线顶点的集中荷载称为临界荷载。

本单元对影响线的有关计算将不叙述,有兴趣的同学可参考有关教材。

单元小结

1. 结构力学的概念

支承荷载起骨干作用的构件或由其组成的整体称为结构。

结构分为五类:梁、拱、刚架、桁架和组合结构。

超静定结构概念:由平衡条件不能确定结构全部反力和内力的结构,称为超静定结构。工程中常见的超静定结构类型有:超静定梁、超静定桁架、超静定拱、超静定刚架、超静定组合结构。

2. 静定结构简介

(1)多跨静定梁的概念:是由若干根梁用铰相连,并用支座与基础连接而成的静定结构。多用于房屋建筑中的木檩条及桥梁结构中。

(2)静定桁架:是由若干直杆在两端铰接组成的静定结构。杆轴线、荷载作用线都在同一平面内的桁架称为平面桁架。

(3)静定平面刚架:是由若干根直杆组成的具有刚节点的结构。当组成刚架的各杆轴线和外力都在同一平面时,称作平面刚架。

3. 超静定结构的计算方法

以多余约束作为基本未知量,求解超静定问题的方法叫力法。解题思路:①选定基本结构;②建立力法方程;③计算系数和自由项;④求多余未知力;⑤作内力图。

4. 影响线的概念

影响线是结构在单位竖向移动荷载作用下,反映某量值变化规律的图形。

习   题

8-1 试画出图示多跨静定梁的内力图。

8-2 用力法作图示超静定梁的弯矩图。梁的 EI 为常数。

8-3 用力法作图示超静定刚架的弯矩图、剪力图和轴力图。刚架的 EI 为常数。

8-4 作图示悬壁梁支座 A 的反力 F_A 及 M_A 和截面 C 的弯矩 M_C、剪力 F_{QC} 影响线。

8-5 作图示伸臂梁支座反力 F_B 和截面 C 的弯矩 M_C、剪力 F_{QC} 影响线。

8-6 利用影响线求图示伸臂梁的 F_B、F_{QC}、M_C 值.

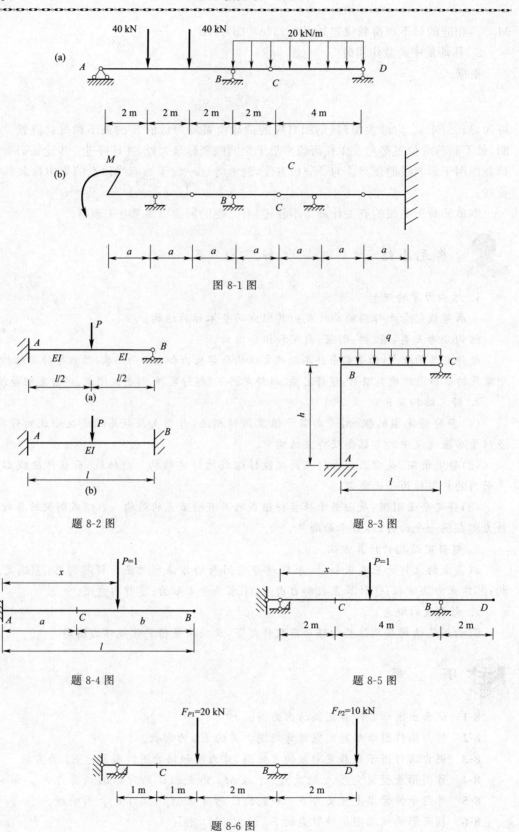

图 8-1 图

题 8-2 图

题 8-3 图

题 8-4 图

题 8-5 图

题 8-6 图

参 考 文 献

[1] 张炘宇,蒋六保.结构力学[M].北京:中国铁道出版社,1982.

[2] 李廉锟.结构力学(上册)[M].北京:高等教育出版社,1983.

[3] 李龙堂.理论力学[M].北京:高等教育出版社,1985.

[4] 沈伦序.建筑力学[M].北京:高等教育出版社,1990.

[5] 范继昭.建筑力学[M].北京:高等教育出版社,1990.

[6] 宋小壮.土木工程力学[M].北京:高等教育出版社,2001.

[7] 西南交通大学应用力学与工程系.工程力学教程[M].北京:高等教育出版社,2004.

[8] 曹俊杰,韩萱.土木工程力学[M].北京:高等教育出版社,2004.

[9] 胡拨香,李连生.工程力学[M].成都:西南交通大学出版社,2006.

[10] 邹昭文,程光均,张祥东.理论力学[M].北京:高等教育出版社,2006.

[11] 干光瑜,秦惠民.材料力学[M].北京:高等教育出版社,2006.

[12] 邹德奎,李颖.土木工程力学[M].北京:人民交通出版社,2007.

[13] 李春亭,张庆霞.建筑力学与结构[M].北京:人民交通出版社,2007.

[14] 高健.工程力学复习与训练[M].北京:人民交通出版社,2007.

[15] 张曦.建筑力学[M].北京:中国建筑工业出版社,2009.

附录 A 型钢规格表(GB/T 706—2008)

表 1 热轧等边角钢

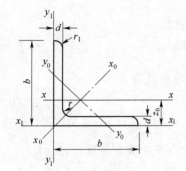

符号意义:

b——边宽度;　　　　　　I——截面二次轴矩;

d——边厚度;　　　　　　i——惯性半径;

r——内圆弧半径;　　　　W——截面系数;

r_1——边端内圆弧半径;　z_0——重心距离。

| 角钢号数 | 尺寸 (mm) | | | 截面面积 (cm^2) | 理论重量 (kg/m) | 外表面积 (m^2/m) | 参考数值 | | | | | | | | | | | z_0 (cm) |
| | | | | | | | $x-x$ | | | x_0-x_0 | | | y_0-y_0 | | | x_1-x_1 | |
	b	d	r				I_x (cm^4)	i_x (cm)	W_x (cm^3)	I_{x_0} (cm^4)	i_{x_0} (cm)	W_{x_0} (cm^3)	I_{y_0} (cm^4)	i_{y_0} (cm)	W_{y_0} (cm^3)	I_{x_1} (cm^4)	
2	20	3		1.132	0.889	0.078	0.40	0.59	0.29	0.63	0.75	0.45	0.17	0.39	0.20	0.81	0.60
		4	3.5	1.459	1.145	0.077	0.50	0.58	0.36	0.78	0.73	0.55	0.22	0.38	0.24	1.09	0.64
2.5	25	3		1.432	1.124	0.098	0.82	0.76	0.46	1.29	0.95	0.73	0.34	0.49	0.33	1.57	0.73
		4		1.859	1.459	0.097	1.03	0.74	0.59	1.62	0.93	0.92	0.43	0.48	0.40	2.11	0.76
3.0	30	3	4.5	1.749	1.373	0.117	1.46	0.91	0.68	2.31	1.15	1.09	0.61	0.59	0.51	2.71	0.85
		4		2.276	1.786	0.117	1.84	0.90	0.87	2.92	1.13	1.37	0.77	0.58	0.62	3.63	0.89
3.6	36	3	4.5	2.109	1.656	0.141	2.58	1.11	0.99	4.09	1.39	1.61	1.07	0.71	0.76	4.68	1.00
		4		2.756	2.163	0.141	3.29	1.09	1.28	5.22	1.38	2.05	1.37	0.70	0.93	6.25	1.04
		5		3.382	2.654	0.141	3.95	1.08	1.56	6.24	1.36	2.45	1.65	0.70	1.09	7.84	1.07
4.0	40	3	5	2.359	1.852	0.157	3.59	1.23	1.23	5.69	1.55	2.01	1.49	0.79	0.96	6.41	1.09
		4		3.086	2.422	0.157	4.60	1.22	1.60	7.29	1.54	2.58	1.91	0.79	1.19	8.56	1.13
		5		3.791	2.976	0.156	5.53	1.21	1.96	8.76	1.52	3.01	2.30	1.78	1.39	10.74	1.17
4.5	45	3	5	2.659	2.088	0.177	5.17	1.40	1.58	8.20	1.76	2.58	2.14	0.90	1.24	9.12	1.22
		4		3.486	2.736	0.177	6.65	1.38	2.05	10.56	1.74	3.32	2.75	0.89	1.54	12.18	1.26
		5		4.292	3.369	0.176	8.04	1.37	2.51	12.74	1.72	4.00	3.33	0.88	1.81	15.25	1.30
		6		5.076	3.985	0.176	9.33	1.36	2.95	14.76	1.70	4.64	3.89	0.88	2.06	18.36	1.33
5	50	3	5.5	2.971	2.332	0.197	7.18	1.55	1.96	11.37	1.96	3.22	2.98	1.00	1.57	12.50	1.34
		4		3.897	3.059	0.197	9.26	1.54	2.56	14.70	1.94	4.16	3.82	0.99	1.96	16.60	1.38
		5		4.803	3.770	0.196	11.21	1.53	3.13	17.79	1.92	5.03	4.64	0.98	2.31	20.90	1.42
		6		5.688	4.465	0.196	13.05	1.52	3.68	20.68	1.91	5.85	5.42	0.98	2.63	25.14	1.46
5.6	56	3	6	3.343	2.624	0.221	10.19	1.75	2.48	16.14	2.20	4.08	4.24	1.13	2.02	17.56	1.48
		4		4.390	3.446	0.220	13.18	1.73	3.24	20.92	2.18	5.28	5.46	1.11	2.52	23.43	1.53
5.6	56	5	6	5.415	4.251	0.220	16.02	1.72	3.97	25.42	2.17	6.42	6.61	1.10	2.98	29.33	1.57
		8	7	8.367	6.568	0.219	23.63	1.68	6.03	37.37	2.11	9.44	9.89	1.09	4.16	47.24	1.68
6.3	63	4	7	4.978	3.907	0.248	19.03	1.96	4.13	30.17	2.46	6.78	7.89	1.26	3.29	33.35	1.70
		5		6.143	4.822	0.248	23.17	1.94	5.08	36.77	2.45	8.25	9.57	1.25	3.90	41.73	1.74
		6		7.288	5.721	0.247	27.12	1.93	6.00	43.03	2.43	9.66	11.20	1.24	4.46	50.14	1.78
		8		9.515	7.469	0.247	34.46	1.90	7.75	54.56	2.40	12.25	14.33	1.23	5.47	67.11	1.85
		10		11.657	9.151	0.246	41.09	1.88	9.39	64.85	2.36	14.56	17.33	1.22	6.36	84.31	1.93

续上表

角钢号数	尺寸(mm)			截面面积(cm²)	理论重量(kg/m)	外表面积(m²/m)	参考数值											z₀(cm)
							x－x			x₀－x₀			y₀－y₀			x₁－x₁		
	b	d	r				I_x(cm⁴)	i_x(cm)	W_x(cm³)	I_{x_0}(cm⁴)	i_{x_0}(cm)	W_{x_0}(cm³)	I_{y_0}(cm⁴)	i_{y_0}(cm)	W_{y_0}(cm³)	I_{x_1}(cm⁴)		
7	70	4	8	5.570	4.372	0.275	26.39	2.18	5.14	41.80	2.74	8.44	10.99	1.40	4.17	45.74		1.86
		5		6.875	5.397	0.275	32.21	2.16	6.32	51.08	2.73	10.32	13.34	1.39	4.95	57.21		1.91
		6		8.160	6.406	0.275	37.77	2.15	7.48	59.93	2.71	12.11	15.61	1.38	5.67	68.73		1.95
		7		9.424	7.398	0.275	43.09	2.14	8.59	68.35	2.69	13.81	17.82	1.38	6.34	80.29		1.99
		8		10.667	8.373	0.274	48.17	2.12	9.68	76.37	2.68	15.43	19.98	1.37	6.98	91.92		2.03
7.5	75	5	9	7.367	5.818	0.295	39.97	2.33	7.32	63.30	2.92	11.94	16.63	1.50	5.77	70.56		2.04
		6		8.797	6.905	0.294	46.95	2.31	8.64	74.38	2.90	14.02	19.51	1.49	6.67	84.55		2.07
		7		10.160	7.976	0.294	53.57	2.30	9.93	84.96	2.89	16.02	22.18	1.48	7.44	98.71		2.11
		8		11.503	9.030	0.294	59.96	2.28	11.20	95.07	2.88	17.93	24.86	1.47	8.19	112.97		2.15
		10		14.126	11.089	0.293	71.98	2.26	13.64	113.92	2.84	21.48	30.05	1.46	9.56	141.71		2.22
8	80	5	9	7.912	6.211	0.315	48.79	2.48	8.34	77.33	3.13	13.67	20.25	1.60	6.66	85.36		2.15
		6		9.397	7.376	0.314	57.35	2.47	9.87	90.98	3.11	16.08	23.72	1.59	7.65	102.50		2.19
		7		10.860	8.525	0.314	65.58	2.46	11.37	104.07	3.10	18.04	27.09	1.58	8.58	119.70		2.23
		8		12.303	9.658	0.314	73.49	2.44	12.83	116.60	3.08	20.61	30.39	1.57	9.46	136.97		2.27
		10		15.126	11.874	0.313	88.43	2.42	15.64	140.09	3.04	24.76	36.77	1.56	11.08	171.74		2.35
9	90	6	10	10.637	8.350	0.354	82.77	2.79	12.61	131.26	3.51	20.63	34.28	1.80	9.95	145.87		2.44
		7		12.301	9.656	0.354	94.83	2.78	15.54	150.47	3.50	23.64	39.18	1.78	11.19	170.30		2.48
		8		13.944	10.946	0.353	106.47	2.76	16.42	168.97	3.48	26.55	43.97	1.78	12.35	194.80		2.52
		10		17.167	13.476	0.353	128.58	2.74	20.07	203.90	3.45	32.04	53.26	1.76	14.52	244.07		2.59
		12		20.306	15.940	0.352	149.22	2.71	23.57	236.21	3.41	37.12	62.22	1.75	16.49	293.76		2.67
10	100	6	12	11.932	9.366	0.393	114.95	3.01	15.68	181.98	3.90	25.74	47.92	2.00	12.69	200.07		2.67
		7		13.796	10.830	0.393	131.86	3.09	18.10	208.97	3.89	29.55	54.74	1.99	14.26	233.54		2.71
		8		15.638	12.276	0.393	148.24	3.08	20.47	235.07	3.88	33.24	61.41	1.98	15.57	267.09		2.76
		10		19.261	15.120	0.392	179.51	3.05	25.06	284.68	3.84	40.26	74.35	1.96	18.54	334.48		2.84
		12		22.800	17.898	0.391	208.90	3.03	29.48	330.95	3.81	46.80	86.84	1.95	21.08	402.34		2.91
		14		26.256	20.611	0.391	236.53	3.00	33.73	374.06	3.77	52.90	99.00	1.94	23.44	470.75		2.99
		16		29.627	23.257	0.390	262.53	2.98	37.82	414.16	3.74	58.57	110.89	1.94	25.63	539.80		3.06
11	110	7	12	15.196	11.928	0.433	177.16	3.41	22.05	280.94	4.30	36.12	73.38	2.20	17.51	310.64		2.96
		8		17.238	13.532	0.433	199.46	3.40	24.95	316.49	4.28	40.69	82.42	2.19	19.39	355.20		3.01
		10		21.261	16.690	0.432	242.19	3.38	30.60	384.39	4.25	49.42	99.98	2.17	22.91	444.65		3.09
		12		25.200	19.782	0.431	282.55	3.35	36.05	448.17	4.22	57.62	116.93	2.15	26.15	634.60		3.16
		14		29.056	22.809	0.431	320.71	3.32	41.31	508.01	4.18	65.31	133.40	2.14	29.14	625.16		3.24
12.5	125	8	14	19.750	15.504	0.492	297.03	3.88	32.52	470.89	4.88	53.28	123.16	2.50	25.86	521.01		3.37
		10		24.373	19.133	0.491	361.67	3.85	39.97	573.89	4.85	64.93	149.46	2.48	30.62	651.93		3.45
		12		28.912	22.696	0.491	423.16	3.83	41.17	671.44	4.82	75.96	174.88	2.46	35.03	783.42		3.53
		14		33.367	26.193	0.490	481.65	3.80	54.16	763.73	4.78	86.41	199.57	2.45	39.13	915.61		3.61
14	140	10	14	27.373	21.488	0.551	514.65	4.34	50.58	817.27	5.46	82.56	212.04	2.78	39.20	915.11		3.82
		12		32.512	25.522	0.551	603.68	4.31	59.80	958.79	5.43	96.85	248.57	2.76	45.02	1 099.28		3.90
		14		37.567	29.490	0.550	688.81	4.28	68.75	1 093.56	5.40	110.47	284.06	2.75	50.45	1 284.22		3.98
		16		42.539	33.393	0.549	770.24	4.26	77.46	1 221.81	5.36	123.42	318.67	2.74	55.55	1 470.07		4.06
16	160	10	16	31.502	24.729	0.630	779.53	4.98	66.70	1 237.30	6.27	109.36	321.76	3.20	52.76	1 365.33		4.31
		12		37.441	29.391	0.630	916.58	4.95	78.98	1 455.68	6.24	128.67	377.49	3.18	60.74	1 639.57		4.39
		14		43.296	33.987	0.629	1 048.36	4.92	90.95	1 665.02	6.20	147.17	431.70	3.16	68.244	1 914.68		4.47
		16		49.067	38.518	0.629	1 175.08	4.89	102.63	1 865.57	6.17	164.89	484.59	3.14	75.30	2 190.82		4.55
18	180	12	16	42.241	33.159	0.710	1 321.35	5.59	100.82	2 100.10	7.05	165.00	542.61	3.58	78.41	2 332.80		4.89
		14		48.896	38.388	0.709	1 514.48	5.56	116.25	2 407.42	7.02	189.14	625.53	3.56	88.38	2 723.48		4.97
		16		55.467	43.542	0.709	1 700.99	5.54	131.13	2 703.37	6.98	212.40	698.60	3.55	97.83	3 115.29		5.05
		18		61.955	48.634	0.708	1 875.12	5.50	145.64	2 988.24	6.94	234.78	762.01	3.51	105.14	3 502.43		5.13
20	200	14	18	54.642	42.894	0.788	2 103.55	6.20	144.70	3 343.26	7.82	236.40	863.83	3.98	111.82	3 734.10		5.46
		16		62.013	48.680	0.788	2 366.15	6.18	163.65	3 760.89	7.79	265.93	971.41	3.96	123.96	4 270.39		5.54
		18		69.301	54.401	0.787	2 620.64	6.15	182.22	4 164.54	7.75	294.48	1 076.74	3.94	135.52	4 808.13		5.62
		20		76.505	60.056	0.787	2 867.30	6.12	200.42	4 554.55	7.72	322.06	1 180.04	3.93	146.55	5 347.51		5.69
		24		90.661	71.168	0.785	2 338.25	6.07	236.17	5 294.97	7.64	374.41	1 381.53	3.90	166.55	6 457.16		5.87

注:截面图中的 $r_1=d/3$ 及表中 r 值的数据用于孔型设计,不作交货条件。

表 2　热轧不等边角钢

符号意义：
B——长边宽度；
d——边厚度；
r_1——边端内圆弧半径；
i——惯性半径；
x_0——重心距离；

b——短边宽度；
r——内圆弧半径；
I——截面二次轴矩；
W——截面系数；
y_0——重心距离。

角钢号数	尺寸 (mm)				截面面积 (cm²)	理论重量 (kg/m)	外表面积 (m²/m)	$x-x$				$y-y$				x_1-x_1		y_1-y_1		$u-u$			
	B	b	d	r				I_x (cm⁴)	i_x (cm)	W_x (cm³)		I_y (cm⁴)	i_y (cm)	W_y (cm³)		I_{x_1} (cm⁴)	y_0 (cm)	I_{y_1} (cm⁴)	x_0 (cm)	I_u (cm⁴)	i_u (cm)	W_u (cm³)	$\tan \alpha$
2.5/1.6	25	16	3	3.5	1.162	0.912	0.080	0.70	0.78	0.43		0.22	0.44	0.19		1.56	0.86	0.43	0.42	0.14	0.34	0.16	0.392
			4		1.499	1.176	0.079	0.88	0.77	0.55		0.27	0.43	0.24		2.09	0.90	0.59	0.46	0.17	0.34	0.20	0.381
3.2/2	32	20	3		1.492	1.171	0.102	1.53	1.01	0.72		0.46	0.55	0.30		3.27	1.08	0.82	0.49	0.28	0.43	0.25	0.382
			4		1.939	1.522	0.101	1.93	1.00	0.93		0.57	0.54	0.39		4.37	1.12	1.12	0.53	0.35	0.42	0.32	0.374
4/2.5	40	25	3	4	1.890	1.484	0.127	3.08	1.28	1.15		0.93	0.70	0.49		6.39	1.32	1.59	0.59	0.56	0.54	0.40	0.386
			4		2.467	1.936	0.127	3.93	1.26	1.49		1.18	0.69	0.63		8.53	1.37	2.14	0.63	0.71	0.54	0.52	0.381
4.5/2.8	45	28	3	5	2.149	1.687	0.143	4.45	1.44	1.47		1.34	0.79	0.62		9.10	1.47	2.23	0.64	0.80	0.61	0.51	0.383
			4		2.806	2.203	0.143	5.69	1.42	1.91		1.70	0.78	0.80		12.13	1.51	3.00	0.68	1.02	0.60	0.66	0.380
5/3.2	50	32	3	5.5	2.431	1.908	0.161	6.24	1.60	1.84		2.02	0.91	0.82		12.49	1.60	3.31	0.73	1.20	0.70	0.68	0.404
			4		3.177	2.494	0.160	8.02	1.59	2.39		2.58	0.90	1.06		16.65	1.65	4.45	0.77	1.53	0.69	0.87	0.402
5.6/3.6	56	36	3	6	2.743	2.153	0.181	8.88	1.80	2.32		2.92	1.03	1.05		17.54	1.78	4.70	0.80	1.73	0.79	0.87	0.408
			4		3.590	2.818	0.180	11.45	1.79	3.03		3.76	1.02	1.37		23.39	1.82	6.33	0.85	2.23	0.79	1.13	0.408
			5		4.415	3.466	0.180	13.86	1.77	3.71		4.49	1.01	1.65		29.25	1.87	7.94	0.88	2.67	0.78	1.36	0.404

参考数值

续上表

角钢号数	尺寸(mm) B	b	d	r	截面面积(cm²)	理论重量(kg/m)	外表面积(m²/m)	x-x I_x(cm⁴)	i_x(cm)	W_x(cm³)	y-y I_y(cm⁴)	i_y(cm)	W_y(cm³)	x_1-x_1 I_{x_1}(cm⁴)	y_0(cm)	y_1-y_1 I_{y_1}(cm⁴)	x_0(cm)	u-u I_u(cm⁴)	i_u(cm)	W_u(cm³)	tan α
6.3/4	63	40	4	7	4.058	3.185	0.202	16.49	2.02	3.87	5.23	1.14	1.70	33.30	2.04	8.63	0.92	3.12	0.88	1.40	0.398
			5		4.993	3.920	0.202	20.02	2.00	4.74	6.31	1.12	2.71	41.63	2.08	10.86	0.95	3.76	0.87	1.71	0.396
			6		5.908	4.638	0.201	23.36	1.96	5.59	7.29	1.11	2.43	49.98	2.12	13.12	0.99	4.34	0.86	1.99	0.393
			7		6.802	5.339	0.201	26.53	1.98	6.40	8.24	1.10	2.78	58.07	2.15	15.47	1.03	4.97	0.86	2.29	0.389
7/4.5	70	45	4	7.5	4.547	3.570	0.226	23.17	2.26	4.86	7.55	1.29	2.17	45.92	2.24	12.26	1.02	4.40	0.98	1.77	0.410
			5		5.609	4.403	0.225	27.95	2.23	5.92	9.13	1.28	2.65	57.10	2.28	15.39	1.06	5.40	0.98	2.19	0.407
			6		6.647	5.218	0.225	32.54	2.21	6.95	10.62	1.26	3.12	68.35	2.32	18.58	1.09	6.35	0.98	2.59	0.404
			7		7.567	6.011	0.225	37.22	2.20	8.03	12.01	1.25	3.57	79.99	2.36	21.84	1.13	7.16	0.97	2.94	0.402
(7.5/5)	75	50	5	8	6.125	4.808	0.245	34.86	2.39	6.83	12.61	1.44	3.30	70.00	2.40	21.04	1.17	7.41	1.10	2.74	0.435
			6		7.260	5.699	0.245	41.12	2.38	8.12	14.70	1.42	3.88	84.30	2.44	25.37	1.21	8.54	1.08	3.19	0.435
			8		9.467	7.431	0.244	52.39	2.35	10.52	18.53	1.40	4.99	112.50	2.52	34.23	1.29	10.87	1.07	4.10	0.429
			10		11.590	9.098	0.244	62.71	2.33	12.79	21.96	1.38	6.04	140.80	2.60	43.43	1.36	13.10	1.06	4.99	0.423
8/5	80	50	5	8	6.375	5.005	0.255	41.96	2.56	7.78	12.82	1.42	3.32	85.21	2.60	21.06	1.14	7.66	1.10	2.74	0.388
			6		7.560	5.935	0.255	49.49	2.56	9.25	14.95	1.41	3.91	102.53	2.65	25.41	1.18	8.85	1.08	3.32	0.387
			7		8.724	6.848	0.255	56.16	2.54	10.58	16.96	1.39	4.48	119.33	2.69	29.82	1.21	10.18	1.08	3.70	0.384
			8		9.867	7.745	0.254	62.83	2.52	11.92	18.85	1.38	5.03	136.41	2.73	34.32	1.25	11.38	1.07	4.16	0.381
9/5.6	90	56	5	9	7.212	5.661	0.287	60.45	2.90	9.92	18.32	1.59	4.21	121.32	2.91	29.53	1.25	10.98	1.23	3.49	0.385
			6		8.557	6.717	0.286	71.03	2.88	11.74	21.42	1.58	4.96	145.59	2.95	35.58	1.29	12.90	1.23	4.18	0.384
			7		9.880	7.756	0.286	81.01	2.86	13.49	24.36	1.57	5.70	169.66	3.00	41.71	1.33	14.67	1.22	4.72	0.382
			8		11.183	8.779	0.286	91.03	2.85	15.27	27.15	1.56	6.41	194.17	3.04	47.93	1.36	16.34	1.21	5.29	0.380
10/6.3	100	63	6	10	9.617	7.550	0.320	99.06	3.21	14.64	30.94	1.79	6.35	199.71	3.24	50.50	1.43	18.42	1.38	5.25	0.394
			7		11.111	8.722	0.320	113.45	3.29	16.88	35.26	1.78	7.29	233.00	3.28	59.14	1.47	21.00	1.38	6.02	0.393
			8		12.584	9.878	0.319	127.37	3.18	19.08	39.39	1.77	8.21	266.32	3.32	67.88	1.50	23.50	1.37	6.78	0.391
			10		15.467	12.142	0.319	153.81	3.15	23.32	47.12	1.74	9.98	333.06	3.40	85.73	1.58	28.33	1.35	8.24	0.387
10/8	100	80	6	10	10.637	8.350	0.354	107.04	3.17	15.19	61.24	2.40	10.16	199.83	2.95	102.68	1.97	31.65	1.72	8.37	0.627
			7		12.301	9.656	0.354	122.73	3.16	17.52	70.08	2.39	11.71	233.20	3.00	119.98	2.01	36.17	1.72	9.60	0.626
			8		13.944	10.946	0.353	137.92	3.14	19.81	78.58	2.37	13.21	266.61	3.04	137.37	2.05	40.58	1.71	10.80	0.625
			10		17.167	13.476	0.353	166.87	3.12	24.24	94.65	2.35	16.12	333.63	3.12	172.48	2.13	49.10	1.69	13.12	0.622

参考数值

续上表

角钢号数	尺寸 (mm) B	b	d	r	截面面积 (cm²)	理论重量 (kg/m)	外表面积 (m²/m)	x-x I_x (cm⁴)	i_x (cm)	W_x (cm³)	y-y I_y (cm⁴)	i_y (cm)	W_y (cm³)	x_1-x_1 I_{x_1} (cm⁴)	y_0 (cm)	y_1-y_1 I_{y_1} (cm⁴)	x_0 (cm)	u-u I_u (cm⁴)	i_u (cm)	W_u (cm³)	$\tan\alpha$
11/7	110	70	6	10	10.637	8.350	0.354	133.37	3.54	17.85	42.92	2.01	7.90	265.78	3.53	69.08	1.57	25.36	1.54	6.53	0.403
			7		12.301	9.656	0.354	153.00	3.53	20.60	49.01	2.00	9.09	310.07	3.57	80.82	1.61	28.95	1.53	7.50	0.402
			8		13.944	10.946	0.353	172.04	3.51	23.30	54.87	1.98	10.25	354.39	3.62	92.70	1.65	32.45	1.53	8.45	0.401
			10		17.167	13.476	0.353	208.39	3.48	28.54	65.88	1.96	12.48	443.13	3.70	116.83	1.72	39.20	1.51	10.29	0.397
12.5/8	125	80	7	11	14.096	11.066	0.403	277.98	4.02	26.86	74.42	2.30	12.01	454.99	4.01	120.32	1.80	43.81	1.76	9.92	0.408
			8		15.989	12.551	0.403	256.77	4.01	30.41	83.49	2.28	13.56	519.99	4.06	137.85	1.84	49.15	1.75	11.18	0.407
			10		19.712	15.474	0.402	312.04	3.98	37.33	100.67	2.26	16.56	650.09	4.14	173.40	1.92	59.45	1.74	13.64	0.404
			12		23.351	18.330	0.402	364.41	3.95	44.01	116.67	2.24	19.43	780.39	4.22	209.67	2.00	69.35	1.72	16.01	0.400
14/9	140	90	8	12	18.038	14.160	0.453	365.64	4.50	38.48	120.69	2.59	17.34	730.53	4.50	195.79	2.04	70.83	1.98	14.31	0.411
			10		22.261	17.475	0.452	445.50	4.47	47.31	146.03	2.56	21.22	913.20	4.58	245.92	2.12	85.82	1.96	17.48	0.409
			12		26.400	20.724	0.451	521.59	4.44	55.87	169.79	2.54	24.95	1 096.09	4.66	296.89	2.19	100.21	1.95	20.54	0.406
			14		30.456	23.908	0.451	594.10	4.42	64.18	192.10	2.51	28.54	1 279.26	4.74	348.82	2.27	114.13	1.94	23.52	0.403
16/10	160	100	10	13	25.315	19.872	0.512	668.69	5.14	62.13	205.03	2.85	26.56	1 362.89	5.24	336.59	2.28	121.74	2.19	21.92	0.390
			12		30.054	23.592	0.511	784.91	5.11	73.49	239.06	2.82	31.28	1 635.56	5.32	405.94	2.36	142.33	2.17	25.79	0.388
			14		34.709	27.247	0.510	896.30	5.08	84.56	271.20	2.80	35.83	1 908.50	5.40	476.42	2.43	162.23	2.16	29.56	0.385
			16		39.281	30.835	0.510	1 003.04	5.05	95.33	301.60	2.77	40.24	2 181.79	5.48	548.22	2.51	182.57	2.16	33.44	0.382
18/11	180	110	10	14	28.373	22.273	0.571	956.25	5.80	78.96	278.11	3.13	32.49	1 940.40	5.89	447.22	2.44	166.50	2.42	26.88	0.376
			12		33.712	26.464	0.571	1 124.72	5.78	93.53	325.03	3.10	38.32	2 328.38	5.98	538.94	2.52	197.87	2.40	31.66	0.374
			14		38.967	30.589	0.570	1 286.91	5.75	107.76	369.55	3.08	43.97	2 716.60	6.06	631.95	2.59	222.30	2.39	36.32	0.372
			16		44.139	34.649	0.569	1 443.06	5.72	121.64	411.85	3.06	49.44	3 105.15	6.14	726.46	2.67	248.94	2.38	40.87	0.369
20/12.5	200	125	12	14	37.912	29.761	0.641	1 570.90	9.44	116.73	483.16	3.57	49.99	3 193.85	6.54	787.74	2.83	285.79	2.74	41.23	0.392
			14		43.867	34.436	0.640	1 800.97	6.41	134.65	550.83	3.54	57.44	3 726.17	6.02	922.47	2.91	326.58	2.73	47.34	0.390
			16		49.739	39.045	0.639	2 023.35	6.38	152.18	615.44	3.52	64.69	4 258.86	6.70	1 058.86	2.99	366.21	2.71	53.32	0.388
			18		55.526	43.588	0.639	2 238.30	6.35	169.33	677.19	3.49	71.74	4 792.00	6.78	1 197.13	3.06	404.83	2.70	59.18	0.385

注：1. 括号内型号不推荐使用。2. 截面图中的 $r_1=d/3$ 及表中 r 的数据用于孔型设计，不作交货条件。

表3 热轧工字钢

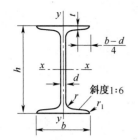

符号意义：

h——高度；
b——腿宽度；
d——腰厚度；
t——平均腿厚度；
r——内圆弧半径；

r_1——腿端圆弧半径；
I——截面二次轴矩；
W——截面系数；
i——惯性半径；
S——半截面的静矩。

斜度1:6

型号	尺 寸 (mm)						截面面积 (cm²)	理论重量 (kg/m)	参考数值						
									$x-x$				$y-y$		
	h	b	d	t	r	r_1			I_x (cm⁴)	W_x (cm³)	i_x (cm)	$I_x:S_x$ (cm)	I_y (cm⁴)	W_y (cm³)	i_x (cm)
10	100	68	4.5	7.6	6.5	3.3	14.3	11.2	245	49	4.14	8.59	33	9.72	1.52
12.6	126	74	5	8.4	7	3.5	18.1	14.2	488.43	77.529	5.195	10.85	46.906	12.677	1.609
14	140	80	5.5	9.1	7.5	3.8	21.5	16.9	712	102	5.76	12	64.4	16.1	1.75
16	160	88	6	9.9	8	4	26.1	20.5	1 130	141	6.58	13.8	93.1	21.2	1.89
18	180	94	6.5	10.7	8.5	4.3	30.6	24.1	1 660	185	7.36	15.4	122	26	2
20a	200	100	7	11.4	9	4.5	35.5	27.9	2 370	237	8.15	17.2	158	31.5	2.12
20b	200	102	9	11.4	9	4.5	39.5	31.1	2 500	250	7.96	16.9	169	33.1	2.06
22a	220	110	7.5	12.3	9.5	4.8	42	33	3 400	309	8.99	18.9	225	40.9	2.31
22b	220	112	9.5	12.3	9.5	4.8	46.4	36.4	3 570	325	8.78	18.7	239	42.7	2.27
25a	250	116	8	13	10	5	48.5	38.1	5 023.54	401.88	10.18	21.58	280.046	48.283	2.403
25b	250	118	10	13	10	5	53.5	42	5 283.96	422.72	9.938	21.27	309.297	52.423	2.404
28a	280	122	8.5	13.7	10.5	5.3	55.45	43.4	7 114.14	508.15	11.32	24.62	345.051	56.565	2.495
28b	280	124	10.5	13.7	10.5	5.3	61.05	47.9	7 480	534.29	11.08	24.24	379.496	61.209	2.493
32a	320	130	9.5	15	11.5	5.8	67.05	52.7	11 075.5	692.2	12.84	27.46	459.93	70.758	2.619
32b	320	132	11.5	15	11.5	5.8	73.45	57.7	11 621.4	726.33	12.85	27.09	501.53	75.989	2.614
32c	320	134	13.5	15	11.5	5.8	79.95	62.8	12 167.5	760.47	12.34	26.77	543.81	81.166	2.608
36a	360	136	10	15.8	12	6	76.3	59.9	15 760	875	14.4	30.7	552	81.2	2.69
36b	360	138	12	15.8	12	6	83.5	65.6	16 530	919	14.1	30.3	582	84.3	2.64
36c	360	140	14	15.8	12	6	90.7	71.2	17 310	962	13.8	29.9	612	87.4	2.6
40a	400	142	10.5	16.5	12.5	6.3	86.1	67.6	21 720	1 090	15.9	34.1	660	93.2	2.77
40b	400	144	12.5	16.5	12.5	6.3	94.1	73.8	22 780	1 140	15.6	33.6	692	96.2	5.71
40c	400	146	14.5	16.5	12.5	6.3	102	80.1	23 850	1 190	15.2	33.2	727	99.6	2.65
45a	450	150	11.5	18	13.5	6.8	102	80.4	32 240	1 430	17.7	38.6	855	114	2.89
45b	450	152	13.5	18	13.5	6.8	111	87.4	33 760	1 500	17.4	38	894	118	2.84
45c	450	154	15.5	18	13.5	6.8	120	94.5	35 280	1 570	17.1	37.6	938	122	2.79
50a	500	158	12	20	14	7	119	93.6	46 470	1 860	19.7	42.8	1 120	142	3.07
50b	500	160	14	20	14	7	129	101	48 560	1 940	19.4	42.4	1 170	146	3.01
50c	500	162	16	20	14	7	139	109	50 640	2 080	19	41.8	1 220	151	2.96
56a	560	166	12.5	21	14.5	7.3	135.25	106.2	65 585.6	2 342.31	22.02	47.73	1 370.16	165.08	3.182
56b	560	168	14.5	21	14.5	7.3	146.45	115	68 512.5	2 446.69	21.63	47.14	1 486.75	174.25	3.162
56c	560	170	16.5	21	14.5	7.3	157.85	123.9	71 439.4	2 551.41	21.27	46.66	1 558.39	183.34	3.158
63a	630	176	13	22	15	7.5	154.9	121.6	93 916.2	2 981.47	24.62	54.17	1 700.55	193.24	3.314
63b	630	178	15	22	15	7.5	167.5	131.5	98 083.6	3 163.38	24.2	53.51	1 812.07	203.6	3.289
63c	630	180	17	22	15	7.5	180.1	141	102 251.1	3 298.42	23.82	52.92	1 924.91	213.88	3.268

注：截面图和表中标注的圆弧半径 r、r_1 的数据用于孔型设计，不作交货条件。

表4 热轧槽钢

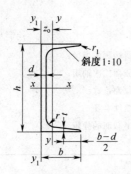

斜度 1:10

符号意义：

h——高度；

b——腿宽度；

d——腰厚度；

t——平均腿厚度；

r——内圆弧半径；

r_1——腿端圆弧半径；

I——截面二次轴矩；

W——截面系数；

i——惯性半径；

z_0——$y-y$ 轴与 y_1-y_1 轴间距。

型号	尺寸 (mm)						截面面积 (cm^2)	理论重量 (kg/m)	参考数值							
									$x-x$			$y-y$			y_1-y_1	z_0 (cm)
	h	b	d	t	r	r_1			W_x (cm^3)	I_x (cm^4)	i_x (cm)	W_y (cm^3)	I_y (cm^4)	i_y (cm)	I_{y_1} (cm^4)	
5	50	37	4.5	7	7	3.5	6.93	5.44	10.4	26	1.94	3.55	8.3	1.1	20.9	1.35
6.3	63	40	4.8	7.5	7.5	3.75	8.444	6.63	16.123	50.786	2.453	4.50	11.872	1.185	28.38	1.36
8	80	43	5	8	8	4	10.24	8.04	25.3	101.3	3.15	5.79	16.6	1.27	37.4	1.43
10	100	48	5.3	8.5	8.5	4.25	12.74	10	39.7	198.3	3.95	7.8	25.6	1.41	54.9	1.52
12.6	126	53	5.5	9	9	4.5	15.69	12.37	62.137	391.466	4.953	10.242	37.99	1.567	77.09	1.59
14a	140	58	6	9.5	9.5	4.75	18.51	14.53	80.5	563.7	5.52	13.01	53.2	1.7	107.1	1.71
14b	140	60	8	9.5	9.5	4.75	21.31	16.73	87.1	609.4	5.35	14.12	61.1	1.69	120.6	1.67
16a	160	63	6.5	10	10	5	21.95	17.23	108.3	866.2	6.28	16.3	73.3	1.83	144.1	1.8
16	160	65	8.5	10	10	5	25.15	19.74	116.8	934.5	6.1	17.55	83.4	1.82	160.8	1.75
18a	180	68	7	10.5	10.5	5.25	25.69	20.17	141.4	1 272.7	7.04	20.03	98.6	1.96	189.7	1.88
18	180	70	9	10.5	10.5	5.25	29.29	22.99	152.2	1 369.9	6.84	21.52	111	1.95	210.1	1.84
20a	200	73	7	11	11	5.5	28.83	22.63	178	1 780.4	7.86	24.2	128	2.11	244	2.01
20	200	75	9	11	11	5.5	32.83	25.77	191.4	1 913.7	7.64	25.88	143.6	2.09	268.4	1.95
22a	220	77	7	11.5	11.5	5.75	31.84	24.99	217.6	2 393.9	8.67	28.17	157.8	2.23	298.2	2.1
22	220	79	9	11.5	11.5	5.75	36.24	28.45	233.8	2 571.4	8.42	30.05	176.4	2.21	326.3	2.03
25a	250	78	7	12	12	6	34.91	27.47	269.597	3 369.62	9.823	30.607	175.529	2.243	322.256	2.065
25b	250	80	9	12	12	6	39.91	31.39	282.402	3 530.04	9.405	32.657	196.421	2.218	353.187	1.982
25c	250	82	11	12	12	6	44.91	35.32	295.236	3 690.45	9.065	35.926	218.415	2.206	384.133	1.921
28a	280	82	7.5	12.5	12.5	6.25	40.02	31.42	340.328	4 764.59	10.91	35.718	217.989	2.333	387.566	2.097
28b	280	84	9.5	12.5	12.5	6.25	45.62	35.81	366.46	5 130.45	10.6	37.929	242.144	2.304	427.589	2.016
28c	280	86	11.5	12.5	12.5	6.25	51.22	40.21	392.594	5 496.32	10.35	40.301	267.602	2.286	426.597	1.951
32a	320	88	8	14	14	7	48.7	38.22	474.879	7 598.06	12.49	46.473	304.787	2.502	552.31	2.242
32b	320	90	10	14	14	7	55.1	43.25	509.012	8 144.2	12.15	49.157	336.332	2.471	592.933	2.158
32c	320	92	12	14	14	7	61.5	48.28	543.145	8 690.33	11.88	52.642	374.175	2.267	643.299	2.092
36a	360	96	9	16	16	8	60.89	47.8	659.7	11 874.2	13.97	63.54	455	2.73	818.4	2.44
36b	360	98	11	16	16	8	68.09	53.45	702.9	12 651.8	13.63	66.85	496.7	2.7	880.4	2.37
36c	360	100	13	16	16	8	75.29	50.1	746.1	13 429.4	13.36	70.02	536.4	2.67	947.9	2.34
40a	400	100	10.5	18	18	9	75.05	58.91	878.9	17 577.9	15.30	78.83	592	2.81	1 067.7	2.49
40b	400	102	12.5	18	18	9	83.05	65.19	932.2	18 644.5	14.98	82.52	640	2.78	1 135.6	2.44
40c	400	104	14.5	18	18	9	91.05	71.47	985.6	19 711.2	14.71	86.19	687.8	2.75	1 220.7	2.42

注：截面图和表中标注的圆弧半径 r、r_1 的数据用于孔型设计，不作交货条件。